부모 감정 공부

· 감정적이지 않게 감정을 가르치는 ·

# 부모 감정 공부

함규정 지음

청림Life

# 아이의 감정, 놓치지 마세요

돌이켜 보면, 저는 어릴 때 꽤나 소심한 아이였습니다. 교육에 꽤나 적극적이셨던 어머니 등쌀에 떠밀려 매 학기 초에 반장, 부반장 선거에 나가곤 했어요. 하지만 어릴 적 기억을 떠올려보면, 저는 앞에 나서는 걸 딱히 좋아하지는 않았어요. 학교에서도 있는 둥 없는 둥 항상 조용하게 자리에 앉아있곤 했으니까요. 자기 의사를 똑 부러지게 말하는 동생과는 달리 저는 제 주장이 별로 없었습니다. 부모님의 뜻도 거스른 적이 없다 보니, '순둥이' '착한 아이'라는 칭찬을 내내 들었어요.

하지만, 곰곰이 생각해 보면 제 마음속 실상은 '순둥이'와는 좀 달랐던 것 같아요. 싫어도 내색하지 않으니 주변 사람들은 제가 불만이 없다고 생각했을 텐데요. 실은 하고 싶은 말들이 나름대로 많았거든요. 하지만 밖으로 표현하지 않으니, 당시 자꾸만 감정이 안으로 쌓이는 느낌이 들었어요. 아직 어린 나이였는데도 말이죠. 저와는 달리, 당차게 주장을 펼치는 동생이 항상 부러웠습니다. 그럼에도 막상 내 마음을 어떻게 표현해야 할지 그땐 방법을 몰랐어요. 다행히 이후 감성지능에 대한 공부를 하게 되면서 예일대학교 감성지능 학자들을 만나게 되었고, 자연스럽게 저 스스로의 감정들을 돌아보고 보호하는 방법들을 알게 되었습니다. 요즘 가끔씩 어머니에게 "그때, 저 반장 선거 나가기 싫었는데, 왜 하라고 하셨어요?" 농담 삼아 말씀드리면, 새삼 놀라십니다. 전혀 모르셨다고, 왜 당시에 말하지 않았느냐며 안타까워하세요.

아이는 여러모로 미숙한 존재입니다. 몸도 아직 성숙되지 않았지만, 마음은 더더욱 그렇죠. 그래서 자신의 마음이 어떤 상태인지 잘 모를 때가 많아요. 실은, 어른인 우리조차도 잘 모르는 게 '내 마음'이긴 하니까요. 그러니 아이는 오죽할까요. 힘이 들 때, 스트레스가 쌓일 때, 슬플 때, 우울할 때, 좌절감이 느껴질 때, 그 마음을 어떻게 다루고 표현해야 하는지 모르는 게 당연합니다.

요즘 부모나 양육자들은 아이를 잘 키우기 위해 마음을 다해요. 아이 양육과 관련된 지식과 정보들도 열심히 찾고요. 그래서인지 이제는 EQ Emotional Intelligence에 대해 많이들 알고 계세요. EQ는 감정과 관련된 지능/역량입니다. 미국 심리학자 대니얼 골먼Daniel Goleman이 그의 책 《EQ 감성지능*Emotional Intelligence*》을 발표하면서 세상에 널리 알려지기 시작했지요. 수많은 연구들로, 감정이 어떻게 아이의 성취 욕구와 아이가 얻는 결과물, 인생에 영향을 미치는지가 발표되었고, 지금은 책과 방송 등에서 끊임없이 강조되고 있어요. 이젠 가정에서나 학교에서나, 아이의 감정이 얼마나 중요한지를 잘 알고 있습니다.

감성지능을 연구하는 저는, 직업상 기업의 임원, 직장인, 어른뿐 아니라, 아이들을 꾸준히 만나는데요. 아이들을 보면서 안타까울 때가 참 많아요. 겉으로는 아무 고민도 없어 보이지만, 아이들은 어른과 마찬가지로 다양한 감정들을 실시간으로 느끼며 살아가고 있어요. 때로는 할아버지, 할머니, 아빠, 엄마에게 이야기하지 못한 마음의 상처, 힘듦, 불안함, 답답함 등으로 힘들어하기도 하고요. 하지만 자기 마음을 어떻게 대해야 할지에 대해 배운 적이 없으니 쉽게 감정에 휘둘립니다. 그래서 힘든 감정이 생길 때 무작정 숨기거나 억누르는 아이들도 있고, 지속적인 죄책감을 느끼며 자존감이 계속 낮아지는 아이도 생기지요.

우리 모두 아이의 감정과 마음의 중요성을 인지하고는 있지만, 여전히 아이의 감정에 대한 배려가 부족합니다. 현실적으로 볼 때, 아이의 감정은 일상생활에서 상당 부분 배제되어 있으니까요.

부모는 아이를 사랑하는 마음에, 혹여 상처라도 입을까 봐 금지옥엽 키웁니다. 아이가 학교에서 돌아와서 "우리 반 애들은 다 거기 가봤대. 나만 안 가봤어" 하면 부모는 어떻게든 아이를 그곳에 데려가 주지요. 당장 다음 달 친정어머니 칠순 잔치가 있어 쏨쏨이를 줄여야 해도 아이 학원비나 과외비는 줄이지 않아요. 아니, 줄일 수가 없어요. 아이를 위한 투자는 아무리 해도 모자란 것처럼 느껴지니까요. 부모 마음은 다 같아서, 가진 건 모두 주고 싶어요.

하지만 아이러니한 건, 어느 날 아이의 기분이 우울해 보여도 막상 물어볼 엄두는 내지 못해요. 괜히 물어봤다가 "나 기분 안 좋아. 오늘은 학원 안 가면 안 돼?" 등의 말이 나올까 봐 걱정되고요. 그렇다고 흔쾌히 "그래, 오늘은 아무 생각 하지 말고 쉬어!" 허락하기도 쉽지 않아요. 오늘 쉬면, 내일 아이가 해야 할 일이 두 배가 되는 게 현실이니까요. 입시라는 장기 목표하에 이미 유치원, 초등학교 때부터 일종의 입시 전쟁이 시작되었다는 압박감이 항상 있습니다.

그래서인지 요즘 아이들을 보면, 어른 못지않게 바빠요. 웬만한 직장인 못지 않은데요. 아침에 학교에 갔다가, 방과 후엔 학원을 가고, 저녁 무렵 집에 돌아오면 늦은 밤까지 숙제를 하지요. 자투리 시간이라는 게 별로 없습니다. 1분 1초를 아껴가며 활용해야 주어진 스케줄을 겨우 소화할 수가 있어요. 만약, 아이가 감기에 걸려 2~3일 아프기라도 하면 학습 진도는 순식간에 어그러집니다. 학교를 결석하고, 학원에 못 가고 숙제를 못 하니, 이후에 따라가기가 더 버거워지죠. 아이와 근교로 놀러 가고 싶어도, 아이가 해이해질까 봐, 어렵게 쌓아놓은 공부습관이 무너질까 봐, 다음 주 일정에 문제가 생길까 봐 꺼려집니다.

아이가 아직 어린데 이렇게까지 힘들게 해야 하냐고 말씀하시는 분도 계실 거예요. 하지만 우리나라의 입시 체계 속에는, "우리 아이만 안 해도 되나" 하는 불안감이 형성되어 있어요. 아무리 평소 교육에 대해 주관이 뚜렷한 양육자라도, 아이가 초등학교에 입학하면 시시때때로 흔들릴 수밖에 없는 상황이니까요.

하지만 이 와중에, 부모와 양육자가 잊지 말아야 할 핵심은 있습니다. 그건 바로 아이의 성공과 행복은 결국 아이의 감정이 좌우한다는 것이지요. 이건, 지금까지도 그래왔고 앞으로도 결코 변하지 않는 진실입니다. 감정은 비록 눈에 보이지는 않지만, 아이를 움직이는 핵심적 원동력이에요. 자신의 감정을 현명하게 다루고 스스로를 보호하며 살아가도록 감정 근육을 튼튼하게 키워주는 건 정말 중요합니다. 아이의 키가 크고 학업 능력이 높아지는 것의 몇십 배, 몇백 배 이상으로 말이지요.

감정을 다루는 능력이 꼭 학업과 관련 있어야만 하는 건 아니지만, 실제로 아이의 감정 조절 능력은 학업 성과에도 큰 영향을 미칩니다. 특히 게임 충동을 이기고 숙제 공책을 펼치는 절제력, 목표를 세우고 끈질기게 노력하는 도전력, 좌절의 순간에도 마음을 추스리는 회복력, 중요한 우선순위를 알고 실천하는 행동력 등과는 직접적 관련이 있어요. 이런 역량들은 모두, 이성보다는 감정의 영향력하에 있으니까요.

그렇다면 내 아이를 어떻게 감정을 잘 다루는 사람으로 키울 수 있을까요? 힘든 상황에서도 자신을 보호할 줄 알고, 긍정적인 감정들을 자주 느끼며 행복하게 살아갈 힘을 어떻게 길러줄 수 있을까요? 물론, TV에 나오는 유명한 심리전문가나, 정신과 선생님, 멘토 등을 만나 도움을 받는 방법도 있습니다. 하지만 그들보다 내 아이의 감성지능을 높여줄 훨씬 더 강력한 사람이 있어요. 그 사람은 바로, 아이에 대해 누구보다 잘 알고, 가장 가까이에서 키워온 '양육자'입니다. 아이의 성향과 성격을 어릴 때부터 파악하고, 아이가 언제 상처를 입는지, 무엇 때문에 즐거워하는지 등을 곁에서 직접 봐온 양육자가 가장 좋은 감정 코치입니다. 요즘은 아이를 반드시 아빠와 엄마가 양육하지는 않아요. 가족 구성이 다양해지면서, 아빠 혼자 아이를 키우기도 하고, 할머니가 직접 손주를 기르기도 하지요.

"나부터도 우울하고, 화도 나고, 부정적 감정을 다루기가 힘들어요!" "부족한 내가 아이의 감정을 지도해 준다는 게 말이 되나요?"라고 의구심을 가지실 수 있어요. 양육자 본인조차도 학교나 가정에서 감정을 다루는 방법을 제대로 배워본 적이 없을 테니까요. 하지만 아이가 행복하게 살아가길 바라는 마음만 있다면 걱정하지 않아도 됩니다. 아이를 사랑하는 마음만 있다면 얼마든지 아이에게 훌륭한 감정 코치가 되어줄 수 있으니까요. 지금부터 아이의 마음을 현명하게 이끌어주는 방법을 자세하게 알려드릴 겁니다.

이 책에서는 감정을 다스리는 능력이 실제로 아이의 자기주도성, 학업 성과, 건강 등에 어떤 영향을 미치는지부터 설명할 거예요. 또한 양육자가 아이를 키우며 느끼는 감정들에 대해 어떻게 현명하게 대응해야 할지 그 방법도 알려드릴 거고요. 더불어, 일상생활 속에서 아이가 보이는 다양한 감정적 행동에 대해 취해야 할 현명한 대처법을 구체적으로 말씀드릴게요.

지금 이 시간에도 내 아이는 학교와 학원에서 수학, 영어, 과학, 태권도, 피아노, 코딩, 농구를 배우고 있겠지요. 물론 아이에게 꼭 필요한 과목과 지식들입니다. 하지만 이게 전부는 아니에요. 아이가 단순히 주어진 것만 해내는 수동적인 사람이 아니라, 주도적으로 삶을 개척해 나가는 행복한 엘리트로 자라길 원하신다면 아이의 감정에 우선적으로 관심을 가져주세요.

오늘부터 바로, 소중한 내 아이를 위한 감정 훈련을 시작하시죠.

**차례**

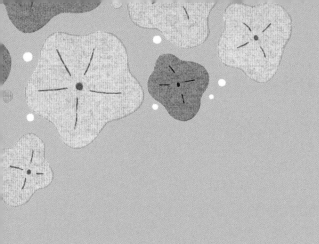

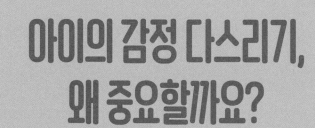

# 아이의 감정 다스리기,
# 왜 중요할까요?

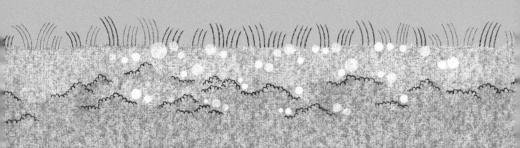

# · 1장 ·

'내 아이를 똑똑한 아이로 키우기'라는 주제는 자녀 교육에서 오랫동안 가장 중요한 가치였습니다. 그리고 내 아이를 똑똑하게 키우는 주된 방법으로 이성을 자극하는 방법들이 소개되었지요. 부모의 관심은 '두뇌 계발'에 초점이 맞춰져 있었고요. 그런데 여기에는 결정적인 핵심이 빠져있었습니다. 바로 아이의 '감정'입니다. 왜 아이의 감정이 중요할까요? 감정을 잘 다스리면 아이에게 어떤 도움이 될까요?

첫 번째 장에서는 우리 아이의 감정이 얼마나 소중한 것인지, 아이의 감정이 일상생활에 어떤 영향을 미치는지, 아이가 감정을 잘 인지하고 조절하면 성장에 어떤 도움이 되는지, 인지지능(이성)과 정서지능(감성)이 어떻게 상호작용하여 아이의 지능에 영향을 미치는지 등을 구체적으로 소개합니다. 이 장을 읽으며 우리가 몰랐던 감정의 중요성을 다시금 확인하고, 아이와 감정 소통을 하기 전에 필요한 기초 운동을 해보세요. 특히, 1~3장에서 나오는 '내 아이와의 감정 소통' 코너를 통해 자녀와 원활하게 감정을 교류할 수 있는 다양한 방법도 배워보세요.

# 감정을 잘 다루는 아이가 현명하고 똑똑합니다

"아이가 정말 똑똑하네요" "머리가 정말 좋네요" 하는 칭찬을 받으면, 대부분의 부모는 함박웃음을 띠며 기뻐합니다. 머리가 좋고 명석한 아이를 자녀로 두었다는 자부심만큼 부모의 어깨에 힘이 들어가게 하는 것도 없지요.

한때 아이의 IQ가 몇 점인지에 대해 많은 사람들이 관심을 갖던 시절이 있었습니다. 아이가 한글을 일찍 깨치거나 수학에 남다른 재능을 보이기라도 하면, '혹시 우리 애가 천재 아닐까?' 하는 생각에 남몰래 가슴이 두근거리기도 하지요. 아이가 천재인지 아닌지 확인해 보기 위해, 테스트를 받게 하거나 관련 기관에 데리고 가서 인터뷰를 받아보기도 합니다.

그리고 아이들은 태어난 지 얼마 지나지 않아서부터 두뇌를 계발하는 여러 가지 도구와 프로그램을 접하기 시작합니다. 부모는 장난감 하나를 사더라도 머리가 좋아지는 장난감을 찾습니다. '도리도리 짝짜꿍'을 자주 해주면 두뇌 발달에 도움이 된다는 말을 듣고 아이에게 열심히 놀이를 시키지요. 사고력 향상에 도움이 되는 블록, 지능을 향상시키는 두뇌 계발 게임, 그리고 수학의 개념을 쉽게 익히도록 해준다는 보드게임 기구 등을 사들입니다. 비싸도 돈이 아깝지 않아요.

아이가 하는 놀이 하나하나가 모두 머리 좋은 아이로 키우기 위한 활동과 연결되어 있어요. 아이들의 신체활동이 두뇌 계발에 도움이 된다는 연구 결과를 토대로, 두뇌 발달을 촉진하는 신체활동 학원에 보내기도 합니다.

그렇다면 두뇌를 발달시킨다는 건 어떤 의미일까요? 정확히 말해 '두뇌 계발'은 인지지능과 감성지능을 동시에 계발하는 것입니다. 사람에게는 크게 두 가지의 지능이 있습니다.

첫 번째는 인지지능Intelligent Quotient:IQ이고, 두 번째는 감성지능Emotional Quotient:EQ입니다. 인지지능이 주로 사고하는 힘과 관련되어 있는 반면 감성지능은 감정을 다루는 능력과 관련되어 있습니다. 그런데 대부분의 부모와 양육자들은 여전히 아이의 인지지능에만 주로 관심을 둡니다. 왜냐하면, 인지지능은 상대적으로 측정이 쉽고, 구체적인 숫자로 결과를 확인하는 게 가능하기 때문입니다. 그런데 인지지능과 감성지능은 별도로 발달하고 발휘되는 능력이 아니라 매우 긴밀하게 연결되어 있답니다.

우리 아이는 어떤가요? 혹시 머리는 좋은데 끈기 있게 자신의 목표를 달성하지는 못하나요? 작은 어려움에도 쉽게 포기하고 좌절하나요? 충동을 억제하지 못하고 참을성이 없나요? 이런 상황들을 개선하기 위한 핵심이 바로 감성지능입니다. 감정을 현명하게 다루는 능력을 발달시키면 충분히 해결할 수 있으니까요.

## 이성은 감정이 더해져야 제대로 작동해요

내 아이가 수학에 재능을 보이고, 영어 등 언어 능력이 뛰어나며, 하나를 가르치는데 열을 안다면 얼마나 좋을까요? 할 수만 있다면 그렇게 되는 것이 솔직한 부모의 바람이지요.

그러나 당장 공부를 잘하기 위해서는 반드시 갖추어야 할 것이 있습니다. 게임을 하고 싶은 충동을 이기고 공부에 집중할 수 있는 능력, 자기 목표를 세우고 끈질기게 도전하는 능력, 중요한 순간에 자신의 감정을 조절하고 현명한 판단을 내리는 능력, 사람들 사이의 갈등을 원만하게 풀고 문제를 해결해 나가는 능력, 자신에게 무엇이 중요한지 우선순위를 알고 행동으로 옮기는 능력입니다. 이런 능력들은 이성이 아닌 감정의 영역에 속하는 것이지요.

여기서는 이성과 감정의 관계를 극명하게 보여주는 사례 하나를 소개하려고 합니다. 30대 직장인인 엘리엇이라는 남자에게 일어났던 실제 사건입니다. 학계에서는 매우 유명한 사례지요.

엘리엇은 유명한 대기업에 다니는 직원이었습니다. 경제적으로도 부족함이 없었고, 사랑하는 아내와 행복한 결혼 생활을 누리고 있었습니다. 그는 아내에게 자상한 남편이었고 아이들에게는 더할 나위 없이 훌륭한 아빠였습니다.

그러던 어느 날, 엘리엇은 자신의 건강에 문제가 생겼다는 걸 직감하게 됩니다. 자주 심한 두통에 시달렸고, 컨디션은 계속 악화되어 갔지요. 병원에서 검사를 받은 엘리엇은 뇌에 종양이 생겼다는 사실을 알게 됩니다.

종양은 정확히 이마 안쪽에 자리 잡고 있었습니다. 병원의 의료진은 뇌 전체를 건드리지 않고 뇌의 일부만 제거하는 수술을 진행할 예정이기 때문에, 수술 후 일상생활에 별 문제가 없을 거라며 그를 안심시켰습니다. 엘리엇은 병원에서 뇌 조직의 일부를 제거하는 수술을 받게 되지요.

다행히 의사의 말대로 엘리엇은 수술 후 쉽게 회복되었습니다. 예전처럼 회사에 나갈 수 있었고, 사랑하는 아내와 함께 운동도 시작했습니다. 사람들 앞에서 발표나 연설을 능숙하게 소화했고, 3년 전 회사에서 처리한 업무를 모조리 기억해 내기도 했지요. 그는 여전히 똑똑하고 명석해 보였습니다.

그런데 얼마 후부터 엘리엇에게서 이상한 모습이 보이기 시작했습니다. 동료들이 업무 협조를 요청해도 모른 척하며 자기 일에만 몰두했습니다. 필요한 의사결정을 해야 할 때도 엘리엇은 어떤 결정도 내리지 못하고 우왕좌왕했지요. 심지어 마트에 가서 시리얼 하나 고르는 일도 제대로 해내지 못했어요. 구체적으로 정해진 자신의 업무는 여전히 잘했지만, 결정을 내려야 하는 상황이 되면 어떠한 판단도 내리지 못해 당황했습니다. 게다가 결정적으로, 자신의 감정을 조절하지 못하는 모습이 주변 사람들에게 자주 목격되었습니다.

결국 엘리엇은 회사에서 쫓겨나게 됩니다. 가정에서도 아내와 다툼이 잦아져 이혼을 했어요. 이후 엘리엇은 다른 여성과 사랑에 빠졌는데, 그 여성은 주위 평판이 매우 좋지 않은 사람이었습니다. 그러나 판단 능력을 잃어버린 엘리엇은 주위의 만류에도 불구하고 재혼을 했고, 결국 또다시 헤어지고 말았습니다.

대체 엘리엇에게 무슨 일이 일어난 걸까요? 수술 후에도 여전히 이성적으로 똑똑했던 엘리엇의 인생이 한순간에 엉망이 되어버린 건 무엇 때문이었을까요?

이후 엘리엇은 유명한 신경과 의사이자, 감정에 대한 신경생물학 분야의 전설적인 학자인 안토니오 다마지오Antonio Damasio 박사를 만나게 됩니다. 다마지오 박사는 엘리엇에게 어떤 문제가 있는지 집중적으로 연구했고, 그 결과 뇌 종양 수술을 받았을 때 그의 뇌에서 제거된 부분이 원인이었다는 결론을 얻었습니다. 다마지오 박사는 엘리엇의 뇌에 문제가 있다는 사실을 정부에 알렸고, 다행히 엘리엇은 그 사실을 인정받아 생활 보호 대상자 판정을 받게 되었습니다.

지금까지는 대부분의 사람들이 이성을 절대적인 것이라고 생각해 왔습니다. 주변에서 아마도 "제발 감정을 빼고 냉정하게 생각해 봐"라는 말을 들어본 적이 있으실 거예요. 그러나 과연 사람이 감정을 뺀 상태에서 이성만 가지고 냉정하게 생각하고 판단할 수 있을까요? 아니요, 그것은 불가능한 일입니다.

사람은 오감으로 주변의 정보를 입수합니다. 시각, 촉각, 미각 등으로 얻은 정보와 사건은 모두 뇌에 전달되어 대뇌변연계라는 부분을 거치게 되는데요. 이 부분은 사람으로 하여금 해당 정보나 사건에 대한 감정을 느끼게 만듭니다. 그리고 뇌의 앞부분으로 이동하면서 대뇌피질에 도달합니다. 대뇌피질의 상당 부분은 전두엽으로 구성되어 있는데, 전두엽은 의사결정을 내리고 판단하며 감정을 조절하는 역할을 하고 있어요. 엘리엇은 수술 과정에서 전두엽에 손상을 입었고, 비록 겉으로는 멀쩡해 보였지만 실제로는 판단이나 자기 감정 조절도 제대로 하지 못하는 상태가 되어버린 겁니다.

안토니오 다마지오 박사는 그의 저서 《데카르트의 오류_Descartes'_ _Error: Emotion, Reason, and the Human Brain_》에서 '이성은 감정의 도움을 받아야 비로소 제대로 기능한다'라고 하였습니다. 이렇게 판단을 하거나 감정을 조절하는 데 중요한 역할을 하는 전두엽은, 뇌의 다른 부분에 비해 발달이 좀 늦습니다. 초등학교 고학년 정도가 되면 비로소 1차 완성이 됩니다. 하지만 이때에도 완전하게 기능하지는 못해요. 청소년기를 거쳐 20대 후반이 되어야 제대로 기능하게 되거든요.

이와 관련해 양육자가 반드시 알아야 할 점은 전두엽의 1차 완성 시기인 초등학교 시절이 아이에게 매우 중요한 시기라는 점입니다. 양육자가 집중적으로 아이의 감정에 관심을 갖고 감정을 다스리는 방법을 가르쳐야 할 시기인 거죠. 아이를 단순히 머리만 앞서는 헛똑똑이가 아닌 행복한 인재로 키우기 원한다면 아이의 감정에 집중하며 감정 훈련을 시작하셔야 합니다.

**감정이 두뇌 계발에 영향을 미친다?**
- 인지지능$_{IQ}$과 감성지능$_{EQ}$을 모두 계발해야 두뇌가 제대로 발달합니다.
- 이성은 감정 역량이 뒷받침될 때, 비로소 제대로 기능할 수 있어요.

# 우리 아이 감정에
# 영향을 주는 요인들

| | 부정적 영향 요인 | 긍정적 영향 요인 |
|---|---|---|
| 대화 시간 | 가족들끼리 서로 얼굴을 보며 이야기를 나누는 시간이 거의 없다. | 가족이 자주 모여 하루 일과를 공유하며, 서로 느낀 감정들을 표현한다. |
| 부정 감정에 대한 양육자의 태도 | 아이가 힘들어할 때, "너만 힘드니?" "약한 소리 하지 마"라고 반응한다. | "오늘 힘들었구나" "친구와 싸워서 속상했구나" 등 아이의 감정이 부정적이든 긍정적이든 있는 그대로 받아들여 준다. |
| 원인 파악 | 아이가 왜 그런 감정을 느끼는지는 묻지 않고, "속상한 일은 빨리 잊어버려"라고 말하며 무조건 달랜다. | 감정의 원인을 물어보고 공감하며, "그런 일이 있었구나. 많이 속상했니?"라고 말하며 따뜻하게 안아준다. |
| 언어 습관 | 평소 가족들이 거친 언어를 사용하는 편이다. | 가족들이 순화된 말을 사용하며, 욕과 비속어 등 과도한 단어를 자제한다. |

# 자기주도성이 높아 꾸준히 성장해요

요즘 부모들은 '스스로 공부하는 아이'에 대한 관심이 높습니다. 스스로 목표를 세우고 계획을 짜서 실천하는 아이로 키우는 것이 중요한 시대가 되었으니까요.

그런데 자기 스스로 알아서 우선순위를 정하고, 해야 할 일을 책임감 있게 하는 것이 중요하다는 건 알겠는데요. 도대체 어떻게 해야 내 아이를 자기주도력이 높은 아이로 만들 수 있을까요?

혹시 최근에 아이에게 "너 왜 공부해?"라는 질문을 해본 적이 있으신가요? 우리 아이는 어떤 답을 할까요? "내가 원하는 꿈을 이루기 위해서요"" 당연히 오늘 할 일은 오늘 해야 하니까요"" 공부를 해야 원하는 직업을 가질 수 있으니까요" 등의 대답을 기대하는 어른들의 바람과는 달리, 열 명 중 아홉 명은 "엄마가 시켜서요"" 하라고 하니까요"라고 답합니다. 그 대답을 하는 아이의 표정엔 '지겹다' '하기 싫다'는 느낌이 잔뜩 배어있어요.

사실 아이들은 아직 어려요. 그래서 자신이 왜 영어 공부를 해야 하는지, 왜 좋은 성적을 받아야 하는지, 미술은 대체 무엇을 위해서 배워야 하는지 잘 알지 못합니다. 공부해야 할 이유도 모르는데, 부모님이 하라니까 그냥 합니다. 또는 안 하면 혼나니까 무서워서 하지요. 특히 열성적인 부모에게 이끌려 어릴 때부터 다양한 학원을 다니기 시작한 아이들 대부분은 왜 공부해야 하는지에 대해 생각할 기회조차 가져보지 못하는 경우가 많습니다.

## 목표를 세우고 스스로 해요

부모에게 끌려다니는 아이들에게는 분명한 한계가 있습니다. 지금은 어찌어찌 따라갈지 몰라도, 어느 순간 부모의 영향력이 사라지는 시기가 오게 됩니다. 초등학교 저학년 때는 부모가 몰아붙이면 성적이 나와요. 그러나 초등학교 고학년만 돼도 상황이 달라지는 걸 확연히 느낍니다. 사춘기가 서서히 오면서, 아이의 주관이 더 강해지고 고집도 세지기 때문이죠.

부모가 시켜서 억지로 공부하던 아이들은 더 이상 부모의 말에 고분고분 따르지 않습니다. 심한 경우, 공부에 염증을 느끼기도 합니다. 아이들은 엄마를 보면 '지겨운 공부'를 떠올리게 되고, 공부를 하려고 하면 잔소리꾼 엄마가 생각난다고 말합니다. 부모와 갈등이 깊어지면서 공부에 흥미를 완전히 잃어버리게 될 수도 있지요.

공부는 아이가 주도적으로 하는 것이 맞습니다. 너무 원론적인 이야기라고요? 하지만 명백한 진실인걸요. 사실 공부를 하고 싶어서 하는 아이는 별로 없습니다. 공부보다 더 재미있는 동영상, 게임 등이 주변에 수두룩하니까요.

어른들과 마찬가지로 아이들도 매번 목표를 세웁니다. 이번 달에는 칭찬 스티커를 열 개 받고, 영어는 100점 맞을 것이며, 수학은 90점까지 올리겠다 등등. 공부를 잘하는 아이든 못하는 아이든, 그 목표가 높든 낮든, 아이들마다 각자 자신만의 목표는 다 있습니다. 문제는 생각하고 적어놓은 대로 실천하는 아이가 드물다는 것이죠.

그건 솔직히 어른들도 마찬가지잖아요. 새해가 되면 올해는 반드시 다이어트에 성공하겠다, 일주일에 세 번 운동하겠다, 자격증을 따겠다 등의 결심을 하지요. 하지만 그 목표를 실제로 달성하는 사람은 많지 않아요. 어른이 그 정도니 모든 면에서 아직 미숙한 아이들에게 스스로를 컨트롤하기 바라는 건 무리일 수 있습니다. 그럼에도 매우 흥미로운 사실은, 자기 감정을 다루는 훈련을 했던 아이는 목표를 이룰 확률이 훨씬 높다는 겁니다.

## 충동에 쉽게 휘둘리지 않아요

자기 감정을 다룰 줄 아는 아이들은 해야 할 일이 있으면 놀이나 게임을 하고 싶더라도 주변의 유혹을 뿌리치고 책상 앞에 앉습니다. 숙제나 공부를 해야 할 이유를 계속 스스로에게 상기시키며 욕구를 참아내기 때문이죠.

물론 아직 어린아이라서 당장 눈앞에 보이는 재밌는 영상이나 게임을 그만두고 책상에 앉기는 쉽지 않습니다. '조금 더 놀았으면…' '게임 더 하고 싶은데…' '숙제는 하기 싫어' 등등의 감정이 당연히 생기지요. 이때 자기 감정을 다루는 데 미숙한 아이들은 순간적으로 떠오른 감정에 곧바로 빠져듭니다. '더 놀고 싶어'라는 생각이 들면, 그 마음을 진정시키지 못하고 그냥 놀러 나가버립니다.

반면 감정을 다룰 줄 아는 아이는 행동을 잠시 멈추지요. '게임을 계속 하고 싶긴 하지만, 해야 할 숙제가 있잖아. 지금 숙제부터 하지 않으면 엄마에게 혼나서 기분이 나빠질걸' 또는 '지금 하지 않으면 저녁 늦게까지 하느라 더 고생할 거야' 하며 해야 할 일을 스스로에게 상기시켜 마음을 추스릅니다. 게임기나 텔레비전, 만화책 등의 유혹을 뒤로하고 공책을 펼 수 있는 힘은, 감정을 다루는 능력에 달려있어요.

## 집중력이 높고 몰입을 잘해요

양육자가 관심을 가지고 지원해 주면, 아이의 성적이 눈에 띄게 오르고 아이도 신이 나서 공부해야 할 텐데 실제로는 그렇지 않은 경우가 많습니다. 양육자의 기대와는 달리 아이는 날이 갈수록 집중도가 떨어지고 산만해지기만 합니다. 게다가 공부를 점점 더 싫어하고 지겨워합니다. 한참 잔소리를 하고 큰소리를 치면 겨우 책상에 앉지만 그나마 5분을 넘기지 못합니다. 스스로 공부하는 자기주도학습과는 거리가 멀어도 한참 멉니다. 왜 그럴까요?

앞서 소개한 대로 사람의 지능은 크게 인지지능과 감성지능으로 나뉩니다. 인지지능은 주로 이성적 능력에 해당되는 것으로, 어떤 문제를 해결할 때나 하루의 일과를 계획할 때, 또는 마트에서 돈 계산을 할 때 사용되는 지능이지요.

반면 감성지능은 감정을 다루는 능력입니다. 감성지능이라는 개념은 1990년대 초에 예일대학교의 피터 샐러베이Peter Salovey 교수와 뉴햄프셔대학교의 존 메이어John Mayer 교수가 40여 년의 연구 결과 끝에 창안한 개념입니다. 감성지능이란 감정을 정확히 인식하고 적절히 활용하며, 감정에 대해 충분히 이해하고 관리하는 능력입니다. 좀 더 쉽게 말하면, 나와 상대방의 감정을 정확히 읽고 현명하게 소통하는 능력이지요.

한국감성스킬센터가 자문한 EBS 〈다큐프라임〉 '엄마도 모르는 우리 아이 정서지능' 편에서는 흥미로운 실험과 연구 결과들이 제시되었습니다. 그중에서도 가장 놀라운 점은 감성지능이 높은 아이가 실제로 공부도 잘한다는 것이었는데요. 왜 자신의 감정을 잘 알고 조절하는 아이의 성적이 그렇지 않은 아이보다 더 높을까요?

바로 집중력과 몰입도 때문입니다. EBS 〈다큐프라임〉에서는 아이들을 한 방에 모아놓고 갑작스러운 돌발 상황이 일어나는 상태에서 시험을 보도록 했습니다. 이때 사전 진단에서 높은 감성지능을 가진 것으로 평가받은 아이들은 외부 환경에 크게 영향받지 않고 문제를 풀었습니다. 하지만 감성지능이 낮았던 아이들은 금세 집중력을 잃어 정해진 시간 안에 문제를 풀지 못하거나, 아는 문제에도 틀린 답을 적었지요.

## 돌발 상황에 영향을 받지 않아요

감성지능이 뛰어난 아이들은 주위에 갑작스러운 방해물이 나타나거나 호기심을 자극할 만한 사건이 생겨도 이내 자신의 감정을 추스르고 하던 일을 계속합니다.

반면 감성지능이 평균 이하인 아이들은 순간순간 생기는 감정들을 주체하지 못하고 그것에 빠져들어 원래 하려던 일을 금방 잊고 말지요. 집중력이 쉽게 흐트러지고, 한번 정신이 딴 곳에 가면 제자리로 돌아오기까지 많은 시간이 필요합니다.

사실 대부분의 초등학생들은 돌발 상황이 벌어지면 당황하기도 하고 호기심이 발동하기도 합니다. 아직 나이가 어리니까요. 하지만 감정을 다루는 훈련을 받은 아이들은 재빨리 자신의 감정을 읽고 진정시켜 원래 하던 일에 집중합니다. '어? 저게 뭐지?' 하다가도 '지금 풀던 문제부터 계속 풀어야지' 하며 흥분을 가라앉히려고 노력하지요. 이러한 집중력의 차이는 문제를 해결하는 속도나 시간에도 영향을 미칩니다. 즉, 내 아이가 감정을 다루는 방법에 대해 배워본 적이 있느냐의 여부는 학업 성과를 포함한 아이의 전반적인 성취에 중요한 영향을 미치는 것이지요.

**감성지능이 높은 아이가 성적이 더 높은 이유**

- 목표를 세우고, 스스로 공부해요.
- 충동에 쉽게 넘어가지 않아요.
- 집중력과 몰입도가 높아요.
- 돌발적인 상황에도 크게 휘둘리지 않아요.
- 갑작스러운 외부 자극이 생겨도 다시 중심을 잡고 집중해요.

# 힘들어도
# 쉽게 포기하지 않아요

공부를 할 때 어떤 아이들은 조금만 어려운 문제가 나와도 바로 포기해 버립니다. "난 이런 거 못해"라고 말하며 아예 흥미를 보이지 않는 경우도 많습니다. 이런 아이의 모습을 보면 부모는 답답하기만 합니다. 쉽게 포기하다 보면 그 어떤 목표도 달성하기가 어려우니까요. 게다가 이런일이 반복되면서 아이가 성취감을 느낄 기회 자체가 없어진다는 게 더 큰 문제예요.

'하고 싶다'라든가 '한번 해보자!'라는 생각이 들 때 사람은 스스로 동기부여가 되지요. 남이 시켜서가 아니라 내가 해보고 싶어서 도전

할 때 능력도 마음껏 발휘하게 되고 그만큼 보람도 얻습니다.

그런데 쉽게 포기해 버리는 아이는 무언가를 애써 이루어낸 경험이 적을 수밖에 없어요. 그러고는 '난 해봤자 소용없어'라든가 '난 아무것도 못하는 아이야'라며 자포자기하죠. 당연히 무언가를 이루고 난 후에 느끼는 기쁨이나 보람도 영영 알 수 없습니다.

반면 어떤 아이들은 힘들고 복잡한 상황에 부딪혀도 좀처럼 포기하지 않아요. 조금 힘들어 보이는 일도 끝까지 부딪혀 보고 시도합니다. 대체 이런 아이들은 쉽게 포기하는 아이와 무엇이 다른 걸까요?

그 핵심적인 차이는 아이가 스트레스를 받았을 때 자신의 감정을 얼마나 잘 다스리는가에 있습니다. 힘든 상황에 처했을 때 좌절감이나 불안, 짜증 등의 감정을 스스로 다루고 해결할 수 있느냐 없느냐에 따라 그 일을 계속 해나가느냐 바로 포기해 버리느냐가 결정되는 거지요. 스트레스 대처 능력과 쉽게 포기하지 않는 능력은 아이가 자신의 일을 꾸준하고 끈질기게 해나가는 데 결정적인 영향을 미칩니다.

사람은 세상을 살아가면서 크고 작은 어려움을 겪게 돼요. 어느 누구도 "난 살면서 한 번도 힘들었던 적이 없었어!"라고 자신 있게 이야기하지 못합니다. 노먼 빈센트 필Norman Vincent Peale 박사는 '문제가 없는 사람들은 무덤에 묻힌 자들뿐'이라고 말했지요. 아무 고민이나 갈등 없이 살아가는 사람은 지구상에 단 한 명도 없다는 뜻일 겁니다. 나이가 적든 많든, 학력 수준이 낮든 높든, 돈이 적든 많든 간에 부정적인 사건에 부딪히면 누구나 힘든 감정을 경험합니다.

그런데 이때, 이런 감정을 잘 다루어 극복하느냐 그냥 주저앉느냐를 결정하는 능력에 따라 그 사람의 미래가 완전히 달라져요. 이런 능력을 '역경지능Adversity Quotient: AQ' 또는 '회복탄력성'이라고 하는데요. 역경지능이 높은 아이들은 힘든 상황에서 자기 자신과 긍정적으로 소통할 줄 압니다.

예를 들어 놀이공원에 가기로 한 날, 아침부터 장대비가 쏟아진다고 가정해 보지요. 아이는 속상해서 울고불고 난리를 칩니다. 이때 역경지능이 높은 아이들은 마음속으로 스스로에게 이렇게 말을 겁니다. '하필이면 오늘 비가 올 게 뭐야. 너무 속상해! 하지만 화낸다고 비가 멈추는 건 아니잖아. 차라리 친구한테 놀러 오라고 해서 게임이나 할까?' 잠시 후 아이의 마음은 차분하게 가라앉습니다. 그런 다음 집에 놀러 온 친구와 즐겁게 게임에 몰두하지요.

반면 역경지능이 낮은 아이는 자기 자신과 긍정적으로 소통하지 못합니다. '하필이면 오늘 비가 올 게 뭐야. 속상해! 꼭 내가 놀러 가는 날만 비가 오더라. 오늘은 뭘 해도 기분이 좋아지지 않을 거야!'라고 생각합니다. 아이는 하루 종일 풀이 죽어있고, 사소한 일에도 짜증을 내며 하루를 망쳐요.

힘든 상황에서 자신의 기분을 회복시키며 상황을 이겨내는 역경지능은 감정을 다스리는 감성지능과 매우 밀접한 관련이 있습니다. 결국 역경과 장애물을 이겨내는 것은 자신이 어떤 감정을 느끼느냐와 직결되기 때문이지요.

# 일상에서 아이의 역경지능을 높이는 방법

힘들고 짜증나는 상황이 발생했을 때 아이가 긍정적인 감정을 스스로 끌어내고 기분을 전환할 수 있도록 아래와 같이 소통해 주세요.

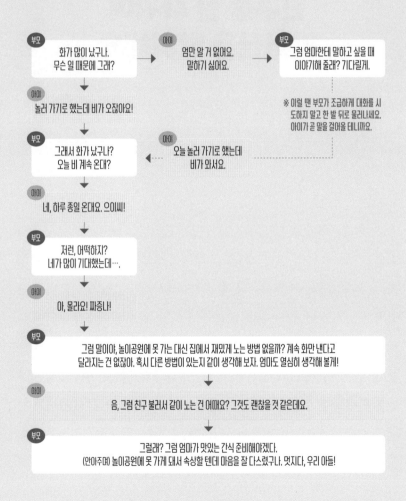

**부모:** 화가 많이 났구나. 무슨 일 때문에 그래?

**아이:** 엄만 알 거 없어요. 말하기 싫어요.

**부모:** 그럼 엄마한테 말하고 싶을 때 이야기해 줄래? 기다릴게.

※ 이럴 땐 부모가 조급하게 대화를 시도하지 말고 한 발 뒤로 물러나세요. 아이가 곧 말을 걸어올 테니까요.

**아이:** 놀러 가기로 했는데 비가 오잖아요!

**부모:** 그래서 화가 났구나? 오늘 비 계속 온대?

**아이:** 오늘 놀러 가기로 했는데 비가 와서요.

**아이:** 네, 하루 종일 온대요. 으이씨!

**부모:** 저런, 어떡하지? 네가 많이 기대했는데….

**아이:** 아, 몰라요! 짜증나!

**부모:** 그럼 말이야, 놀이공원에 못 가는 대신 집에서 재밌게 노는 방법 없을까? 계속 화만 낸다고 달라지는 건 없잖아. 혹시 다른 방법이 있는지 같이 생각해 보자. 엄마도 열심히 생각해 볼게!

**아이:** 음, 그럼 친구 불러서 같이 노는 건 어때요? 그것도 괜찮을 것 같은데요.

**부모:** 그럴래? 그럼 엄마가 맛있는 간식 준비해야겠다. (안아주며) 놀이공원에 못 가게 돼서 속상할 텐데 마음을 잘 다스렸구나. 멋지다, 우리 아들!

# 친구를 잘 사귀며 리더십을 발휘해요

요즈음 부모가 가장 많이 걱정하는 부분이 바로 아이의 친구 관계입니다. 초등학교에 들어간 아이가 혹시 학교에서 친구들에게 따돌림을 당하지는 않을까 염려하는 것인데요. 보호자 눈에는 마냥 아기 같기만 한데, 혹시라도 친구들과 잘 어울리지 못해 큰 상처를 입지는 않을까 마음을 졸이는 것이죠. 그래서 생일이 되면 무리를 해서라도 아이의 생일 파티를 위해 비싼 비용을 기꺼이 감당합니다. 그렇게 해서라도 아이가 친구들과 잘 사귀었으면 하기 때문입니다.

하지만 이런 기대와 노력에도 불구하고, 유독 친구들과 잘 어울리지 못하는 아이가 있습니다. 그런 아이를 보면 보호자는 이러다 학교생활뿐 아니라 사회생활까지 문제가 생기는 건 아닐까 싶어 가슴이 서늘해지곤 합니다. 학교에서 돌아온 아이의 표정이 조금 어두워 보이기라도 하면 지레 눈치를 살피며 조심스레 묻지요. "왜? 학교에서 무슨 일 있었어? 친구들하고 다퉜어?" 아마, 전 세계 모든 양육자가 갖는 공통적인 걱정일 겁니다.

부모는 아이를 위해 화려한 생일 파티를 열어줄 수 있지만, 여기에는 한계가 있습니다. 그런 방법으로 아이에게 친구를 만들어줄 수는 없지요. 파티를 할 때는 아이들이 좋은 친구 관계를 이룬 것처럼 보이지만, 사실 그건 단지 파티 장소에서 놀 때뿐입니다. 친구 관계는 그렇게 형성되는 것이 아니니까요.

물론 아이가 친구를 사귈 기회는 만들어줄 수 있습니다. 때로는 어른들끼리 서로 친해지는 게 아이들에게 도움이 될 때도 있고요. 어른들의 만남에 동반하여 자주 만나는 아이들은 자연스럽게 친해질 기회도 많아집니다.

하지만 아무리 어른들이 친하다고 해도 아이들이 서로 맞지 않으면 어른들의 관계도 소원해집니다. 아이들은 고학년으로 올라갈수록 자기 또래에 대한 선호도가 분명해져, 더 이상 어른의 의견에 따라 친구를 선택하지 않으려 합니다. 아이들의 친구는 아이들이 직접 사귀는 것이지 누가 대신 만들어줄 수 없다는 이야기입니다.

예전에는 공부 잘하는 아이가 인기도 좋았어요. 아이들은 시험에서 100점 맞는 우등생에게 은근한 동경심을 가졌고, 1등을 하는 아이 주변에는 자연스럽게 추종자들이 몰려들곤 했지요. 그런데 요즘에는 그렇지가 않습니다. 아이들은 이제 "걘 공부는 잘하지만, 내 스타일이 아니야!"라고 말합니다. 아무리 똑똑하고 공부를 잘해도, 자신과 맞지 않으면 굳이 친해지고 싶어 하지 않습니다. 실은, 이게 맞기도 하고요.

아이들이 노는 모습을 살펴보면 반에서 인기 있는 아이들은 일반적인 아이들에 비해 너그러운 태도를 보인다는 것을 알 수 있습니다. 아이들이 모여서 게임을 하는 상황을 예로 들어볼까요?

한 아이가 게임에서 연속해서 지게 되자, 서서히 얼굴이 벌게지기 시작합니다. 그러더니 급기야는 상대편 친구에게 떼를 쓰기 시작합니다.

"야, 내가 봤는데 그건 내가 이긴 거야."

상대편 친구는 맞대응합니다.

"무슨 소리야? 너 지금 졌잖아! 치사하게 왜 그래!"

그러자 게임에서 진 아이는 씩씩대며 말합니다.

"잘하는 것도 없으면서, 잘난척하는 것 봐!"

아이들의 경우 한번 일어나기 시작한 감정의 진행 속도가 매우 빠르기 때문에, 이 말을 들은 친구는 이제 자리에서 벌떡 일어납니다.

"너 말 다했어?"

사이좋게 놀고 있던 아이들 사이에서 심심찮게 벌어지는 상황입니다.

그런데 친구들 사이에서 인기 있는 아이들을 보면, 쉽게 흥분하거나 화를 내지 않습니다. 말도 안 되는 논리로 떼를 쓰는 친구에게도 바로 응수하지 않습니다. 위와 같은 상황에서도 게임에서 진 상대방 아이의 기분을 살피면서 현명하게 상황을 이끌어가지요. 때로는 상대방이 떼를 쓴다는 걸 알면서도 모르는 척 양보하기도 하고요. 화내는 친구가 무서워서 양보하는 것이 아닙니다. 옆에서 보고 있는 부모 눈에는 속이 터질 만큼 어수룩해 보일 수도 있지만, 나이 어린 아이들도 누가 관대하고 누가 속이 좁은 건지 마음으로 느낄 수 있습니다.

그렇다면 너그럽게 행동하는 아이들은 어떻게 이런 행동을 할 수 있는 걸까요? 일단 선천적으로 타고나는 경우가 있습니다. 원래 성격이 낙천적인 경우도 있습니다. 한편으로는, 양육자와 가정환경 등의 후천적 요인도 아이의 행동과 태도에 큰 영향을 미칩니다. 시비를 거는 친구 앞에서 화를 조절할 줄 아는 아이는 양육자에게서 자기 감정을 다스리는 방법을 배웠을 확률이 크지요.

## 친구들에게 신뢰를 얻고 인정받아요

화가 난다고 두 발을 동동 구르며 소리 지르는 아이, 자기 기분이 좋을 때는 친구들에게 잘 대하다가도 기분이 나빠지면 돌변하는 아이, 좋은 건 자기만 가지려고 하는 아이, 조금이라도 손해 보는 일은 하지 않으려는 이기적인 아이들은 결코 친구들에게 신뢰를 얻지 못합니다.

반면 여유 있는 모습으로 또래 친구를 감싸주는 아이, 손해를 보더라도 한 발짝 물러서서 양보하는 아이, 화가 나도 과격한 대응 대신 대화로 풀어가려는 아이들은 친구 관계도 좋습니다.

내 아이가 친구들에게 인정받아 반장이 되고, 나아가 타인과 우리 사회에 좋은 영향을 미치는 리더가 되기를 바라는 건 어느 양육자나 마찬가지일 텐데요. 이러한 능력, 즉 리더십은 어릴 때부터 길러줘야 합니다. 초등학교 때까지 없던 리더십이 중고등학교 때, 또는 대학교 때 갑자기 생기는 경우는 드뭅니다. 초등학교 때 회장을 맡았던 아이가 중학교, 고등학교에 가서도 회장이 되는 이유도 바로 그 때문이지요.

그리고 이 리더십의 밑바탕에는 감정을 다루는 능력이 있습니다. 리더십이란 '그룹에 속해있는 사람들이 자발적으로 움직이도록 이끄는 능력'입니다. 누군가의 마음을 움직이고 행동을 끌어내려면, 무엇보다 자신의 감정을 현명하게 조절하면서 상대방의 감정까지 배려하고 이끌어야 하는데요. 그러한 이유로 감정 훈련이 필요한 것입니다.

**감정을 다스리는 아이가 인기가 많은 이유**
- 처음 만나는 또래와도 쉽게 감정을 나누며 친해져요.
- 친구들에게 쉽게 화를 내거나 흥분하지 않아요.
- 친구가 떼를 써도 넓은 마음으로 양보할 줄 알아요.

# 감정이 건강하니,
# 몸도 건강해요

유난히 감정 기복이 심한 아이들이 있습니다. 사소한 일에도 금세 울음을 터뜨리거나, 조금만 자신의 신경에 거슬려도 쉽게 짜증을 내는 아이들이 있지요. 그런 아이들을 잘 살펴보면 대부분 감기를 달고 살거나 늘 골골하면서 하루 종일 짜증을 부려 가족과 주변 사람들을 힘들게 하는 경우가 많습니다. 이처럼 감정은 아이의 건강과 밀접한 관계가 있습니다.

## 감정은 면역력에 직접적인 영향을 줍니다

감정을 잘 다루지 못하는 사람은 면역력이 약합니다. 우리 몸의 면역체계를 관장하는 T세포는 몸 안에 바이러스나 암세포, 병균이 침입했을 때 급속히 증가하여 좋지 않은 병균들을 재빨리 없애는 일을 합니다. 그런데 감정은 이 T세포에 직접적인 영향을 줍니다. 즉, 평소 자신의 감정을 잘 다루어 마음이 안정적인 아이들은 그렇지 않은 아이들에 비해 긍정적이고 편안한 감정 상태를 더 자주 경험하고, 이럴 때 T세포가 더 많이 활성화됩니다.

반면 비관적이고 무력감을 자주 느끼는 아이는, 당연히 공격해야 하는 특정 외부 물질을 만났을 때에도 T세포를 급격하게 증식시키지 못해요. 그래서 의학자들은 건강에 직접적인 영향을 주는 동맥경화, 콜레스테롤 수치, 혈압 등의 의학적 요인보다 일상에서 맞닥뜨리는 사건에 대한 반응 태도가 더 중요한 생존 요인일 수 있다는 결과를 제시한 바 있습니다.

짜증이나 화를 자주 내는 아이들의 몸이 약한 이유는 그 외에도 많습니다. 사람마다 약간씩 다르기는 하지만, 사람이 화를 내면 보통 몸이 뜨거워집니다. 얼굴이 빨개지면서 화끈거리는 건 그만큼 체온이 올라간다는 증거지요. 심장박동이 빨라지고 얼굴과 몸도 뻣뻣하게 경직됩니다. 짧은 순간 많은 에너지가 소모되지요. 그래서 화를 내고 나면 온몸이 늘어지고 힘이 없기 마련입니다. '일소일소 일노일노一笑一少 一怒

—老'라는 말처럼, 실제로도 한 번 웃을 때마다 젊어지고 한 번 화낼 때마다 늙는 것입니다.

우리의 감정과 몸은 떼려야 뗄 수 없는 사이입니다. 그래서 마음이 즐거워지면 몸도 건강해지고, 반대로 마음이 어둡거나 짜증스러워지면 몸도 약해지는데요. 아이의 건강도 마찬가지입니다.

## 화가 아이의 심장과 뇌에 악영향을 미쳐요

화를 자주 내게 되면 신체의 두 가지 장기에 치명적인 충격이 가해집니다. 가장 먼저 타격을 입는 곳은 심장입니다. 누구나 화가 나면 심장이 두근두근 뛰는 걸 느끼지요. 심장박동이 빨라지는 겁니다. 미국의 존스홉킨스대학교 연구팀이 성인 1,000명을 대상으로 실시한 조사에서, 평소 화를 자주 내는 사람은 그렇지 않은 사람에 비해 심장병에 걸릴 확률이 세 배나 높다는 결과가 나왔습니다. 그뿐 아닙니다. 심장마비로 가슴을 부여잡고 쓰러질 확률은 다섯 배까지 높아집니다. 이처럼 화는 심장에 무리를 줍니다.

하지만 사실상 심장보다 더 큰 타격을 입는 곳은 뇌입니다. 많은 사람들이 인간의 다양한 감정이 가슴에서 생겨난다고 믿고 있는데요. 그래서인지 화가 났을 때 "가슴에서 열불이 치솟아"라든가 속상한 일이 생겼을 때 "슬퍼서 가슴이 미어지는 것 같아"라는 표현을 하지요.

그러나 사실 인간의 모든 감정은 뇌에서 비롯됩니다. 그중에서도 화는 강도가 높고 뜨거운 감정이어서 자주 느끼면 뇌에 손상을 입힙니다. 또 뇌는 화를 인식하면 스트레스 호르몬을 내뿜습니다. 아직 뇌가 완전히 발달하지 않은 아이들에게는 더 좋지 않을 수 있겠지요. 만약 아이가 어릴 때부터 건강이 나쁘거나 병치레가 잦다면, 양육자는 아이가 감정적으로 힘들어하거나 지치지 않도록 각별히 신경을 써야 합니다.

한편 감정적으로 예민한 아이가 몸이 쉽게 약해지기도 하지만, 몸이 약한 아이가 감정적으로 쉽게 지치기도 해요. 지친 만큼 몸은 더 안 좋아지는 악순환이 이루어지지요.

만약 우리 아이가 특별한 원인이 없는데도 유독 몸이 약하다면, 아이의 감정 상태를 한번 살펴보세요. 혹시 아이가 벌컥벌컥 화를 잘 내나요? 조그만 일에도 신경이 예민해지며 짜증을 내나요? 친구들이 던진 사소한 농담에도 쉽게 낙담하며 우울해하나요? 이 모든 것이 감정 건강에 빨간 신호등이 켜진 거랍니다. 모든 것은 감정에서 비롯된다는 것을 기억하세요.

**아이가 몸이 유독 약하다면 감정 건강부터 체크하세요**

- 감정을 잘 다스리면 면역력을 높여주는 T세포가 더 많이 활성화됩니다.
- 화를 내면 우리 몸의 에너지가 많이 소진되기 때문에 쉽게 피로해집니다.
- 화는 매우 강도가 높고 뜨거운 감정이기 때문에 심장에 무리를 주고 뇌 건강에도 악영향을 미칩니다.
- 뇌는 화를 인식하면 스트레스 호르몬을 내뿜습니다.

내 아이와의
감정 소통

# 감정을 관장하는
# 전두엽 발달시키기

우리 뇌의 전두엽은 판단력이나 주의 집중력과 관련이 있으며, 감정을 조절하는 데 중요한 역할을 합니다. 아이의 전두엽을 발달시키는 몇 가지 방법을 소개합니다. 아이와 함께 재미있게 해보세요.

### · 놀이를 통한 전두엽 발달

#### 명상 놀이

미국의 토머스제퍼슨대학교 의과대학이 티베트 승려를 대상으로 실시한 연구 결과에 따르면, 기도나 명상을 할 때 전두엽이 평상시보다 활성화됩니다. 말을 하지 않고 조용한 시간을 가질 때 뇌의 활동력이 크게 상승한다는 거지요. 오늘 오후엔 아이와 함께 명상 놀이를 해보면 어떨까요?

1. 부모와 아이가 각자 재미있는 명상 포즈를 취합니다.
2. 스톱워치로 명상할 시간을 정합니다. 처음에는 30초 정도로 시작하세요.
3. 먼저 말을 걸거나 웃거나 포즈가 흐트러지는 사람이 지는 겁니다. 지는 사람이 받을 재미있는 벌칙을 아이와 함께 정해보세요.

아이가 과연 눈을 감고 얼마나 버티겠냐고요? 예상보다 아이들은 명상을 잘한답니다! 그리고 어느 순간부터는, 명상 시간 동안 자신이 원하는 바람이나 꿈 등 긍정적인 이미지들을 떠올리기 시작하지요. 이런 훈련을 반복하면 순간적인 집중력이나 감정 조절력을 갖는 데 확실히 도움이 됩니다.

### 스무고개 놀이

상황을 제대로 표현할 적절한 단어를 찾거나 알아맞히는 게임을 하면 언어 능력과 함께 전두엽이 발달합니다. 그중 하나가 바로 스무고개 놀이인데요, 아이는 다양한 가능성 중에서 정답을 찾아내기 위한 적절한 질문을 생각하게 됩니다. 여러 가지 답 중에서 우선순위를 매기는 훈련을 할 수 있으며, 이러한 과정에서 상황 판단력이 발달됩니다.

### 뉴스 앵커 놀이

아이에게 발표할 기회를 의도적으로 자주 만들어주세요. 발표할 주제에 대해 고민하고 그 내용을 우선순위별로 정리하는 것, 그리고 이를 사람들 앞에서 집중하여 발표하는 과정은 전두엽에 좋은 자극이 됩니다.

우선 가족들끼리 모여 '오늘 하루, 또는 지난 일주일 동안 가장 재미있었던 일'을 뉴스 앵커처럼 발표해 보기로 해요. 아이는 발표를 위해 지난 시간을 돌아보고 가장 재미있었거나 의미 있었던 일을 한 가지 선택하게 됩니다. 그리고 아이가 말하는 모습을 동영상으로 촬영했다가 보여주세요. 아이는 재미도 느끼지만, 자존감을 높이는 데에도 좋은 영향을 받게 됩니다. 이러한 과정을 거치면 전두엽의 발달과 함께 발표력 향상도 자연스럽게 기대할 수 있습니다.

### · 독서를 통한 전두엽 발달

아이와 함께 책을 읽은 후 느낌을 나누어보세요. 이때 양육자가 일부러 등장인물 중 나쁜 인물 편에 서서 이야기해 보는 것도 좋습니다.

"백설공주에게 독이 든 사과를 가져다줄 수도 있는 거 아니야?"

"친구 좀 때리면 어때? 힘이 세면 그럴 수도 있지."

이런 이야기를 하면 아이는 나름대로 반론을 제기하며 자신의 생각을 말합니다. 옳고 그름을 판단할 수 있게 도와주는 매우 좋은 기회가 된답니다.

- **운동을 통한 전두엽 발달**

단순히 팔과 다리의 근육을 늘리는 운동보다는 순간적인 상황 판단이나 결정을 필요로 하는 운동이 전두엽 발달에 도움이 됩니다. 대표적인 운동이 바로 축구지요. 일본의 시사주간지 〈아에라*AERA*〉에 따르면, 축구는 일단 경기가 시작되면 감독의 지시보다 선수들의 자율적 판단에 더 비중을 두고 움직이는 운동입니다. 또한 앞으로 어떻게 경기가 진행될지도 선수들이 스스로 예측해야 하지요. 영국에서는 영재 교육을 위해 어린이들에게 축구를 가르치고 있답니다.

**잠깐!** **이런 것들은 전두엽 발달에 방해가 돼요**

1. 스마트폰과 텔레비전, 게임은 전두엽 발달에 문제를 일으킨다는 연구 결과가 있습니다. 스마트폰과 텔레비전 영상을 장시간 보면, 일차적 감각은 자극되지만 전두엽은 전혀 자극되지 않거든요. 특히 게임을 하는 동안에는 옳고 그름을 판단하고 충동을 억제하는 기능이 거의 마비됩니다. 하루에 한 시간 이상, 일주일에 3일 이상 게임을 하면 전두엽 발달에 부정적 영향을 미치니 가능하면 동영상 시청 및 게임 시간은 줄여주세요.

2. 단순 암기 위주의 선행 학습은 아이의 종합적인 사고와 판단력, 창의력 개발을 저해하여 전두엽 발달을 더디게 합니다. 한 가지 길, 하나의 정답만을 가르치기보다는 다양하고 융통성 있는 학습을 하도록 도와주세요.

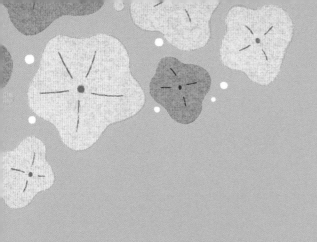

# 아이의 감정 상태부터
# 확인하세요

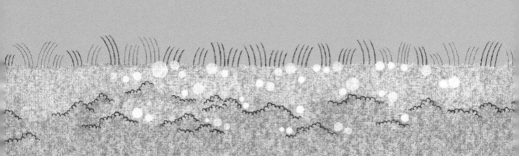

# · 2장 ·

아이가 감정을 잘 다스리려면 아이 스스로 어떤 감정을 느끼는지 아는 것이 제일 중요합니다. 하지만 아직 나이가 어린 아이들은 자신이 어떤 감정을 느끼는지 잘 모르는 경우가 많습니다. 발버둥을 치고 화를 내면서도 자신이 화를 내고 있다는 걸 인지하지 못하기도 하죠.

아이를 지켜보며 감정 상태를 파악하고 감정을 긍정적으로 이끌어주는 것이 중요한 만큼, 부모는 아이가 스스로 자신의 감정 상태를 읽고 다스릴 수 있는 방법도 알려줘야 합니다. 그러기 위해서는 부모님이 아이의 감정 상태를 정확하게 파악할 수 있어야 해요.

이 장에서는 우리 아이의 현재 감정 상태를 알아보는 방법을 알려드립니다. 아이의 표정, 말투 등 겉으로 드러나는 모습을 보며 양육자는 아이의 마음을 알아차릴 수 있답니다. 그리고 아이가 스스로 감정을 판단할 수 있도록 이끌어주는 방법, 아이와 감정을 나눌 수 있는 쉽고도 재밌는 방법들도 배울 수 있을 거예요.

# 아이의 감정을
# 알아야 하는 이유

아이의 감정 관리에서 가장 중요한 것은 아이가 현재 자신이 어떤 감정을 느끼고 있는지 정확히 아는 것입니다. 그래야 어떻게 대처해야 하는지도 알 수 있어요.

아이들은 자기가 현재 어떤 감정을 느끼는지 잘 모릅니다. 예를 들어볼까요? 아이가 화가 나서 소리를 지르며 마룻바닥에서 뒹굽니다. "너 왜 화를 내니?" 하고 물으니 "내가 언제 화를 냈다고 그래요?" 하며 또 화를 냅니다. 아이는 화를 내고 있으면서도 자신이 화가 났다는 사실을 몰라요. 아이들에겐 자기 감정을 스스로 읽는 감정 인지 능력이 부족하기 때문이지요. 어른들도 힘들거나 혼란스러운 상황에서는 자신의 감정이 무엇인지 파악하기가 어려워 '나도 내 속을 모르겠다'고 하는데, 하물며 아이가 어떻게 자신의 감정을 잘 알 수 있을까요?

그러나 감정을 현명하게 다루려면, 감정의 실체부터 분명히 알아야 합니다. 예를 들어볼까요? 사람은 배가 고픈지 배가 아픈지를 분명히 알아야 스스로를 보호할 수가 있습니다. 배가 고픈 것을 배가 아픈 것으로 착각하고 음식을 먹지 않는다면 상황은 점점 더 나빠지겠죠.

감정도 마찬가지입니다. 아이는 스스로 감정을 인지하는 능력이 부족합니다. 이 때문에 부모가 우선적으로 아이의 감정 상태를 파악하고 대처해야 해요. 그러지 않으면 감기에 걸려 힘들어하는 아이에게 소화제를 먹이는 것과 다를 바 없는 실수를 저지르게 됩니다.

사실, 이런 실수들은 수시로 일어납니다. 부모의 사랑과 관심을 받지 못한다는 생각에 아이가 풀이 죽어있어요. 그런데 부모는 아이가 부모를 싫어해서 반항한다고 오해하는 경우도 있지요. 그러면 부모와 가까이 지내고 싶어 하는 아이에게 "도대체 뭐가 문제냐"라며 다그쳐 더 큰 상처를 주게 됩니다. 그래서 양육자는, 다양한 상황 속에서 아이가 느낄 감정들을 예민하게 읽어야 합니다. 그래야 아이의 감정에 공감해 주고 아이와 제대로 소통할 수 있지요.

아이의 감정을 조금 더 쉽게 읽을 수 있는 방법 두 가지를 소개할게요. 첫 번째 방법은 표정으로 감정을 읽는 콜드 리딩Cold Reading입니다. 사람은 감정이 생기면 반드시 표정으로 나타납니다. 따라서 아이의 표정을 보고 아이가 어떤 감정을 느끼는지를 알아차릴 수 있어요. 두 번째 방법은 아이의 감정을 그래프 위에 표시해서 읽는 감정 체크판Mood Meter입니다. 두 가지 방법 모두 매우 쉽고 간단하면서도 아이의 감정을 읽는 데 효과적입니다. 이제부터 각각의 방법에 대해 자세하게 살펴볼 게요.

# 아이의 감정은
# 이렇게 읽어요

부모가 아이의 감정을 정확히 읽으려면 어떻게 해야 할까요? 나아가 아이가 스스로 자신의 감정을 잘 읽도록 가르치는 방법은 무엇일까요?

사람에게는 나름의 타고난 직감이 있습니다. 점심시간에 오랜만에 친구를 만났다고 가정해 볼까요? 서로 인사를 마치고 자리에 앉는데, 왜인지 친구의 기분이 그다지 좋아 보이지 않습니다.

"왜 그래? 좀 우울해 보인다."

특별히 대화를 나누지 않고도 표정이나 분위기 등에서 친구의 상태를 읽어낸 것이지요. 이런 능력을 바로 콜드 리딩이라 합니다. 원래 콜드 리딩이라는 용어는 영화나 연극 오디션에 참가해 아무런 사전 정보 없이 즉석에서 대본을 받아 읽는 것을 가리키는 말입니다. 비언어적 의사 소통Nonverbal Communication 분야에서는 상대에 대한 정보 없이 상대방을 관찰한 후, 마치 그 사람에 대해 모든 것을 아는 것처럼 말하는 능력을 의미하죠.

물론, 부모가 직접적으로 아이에게 "지금 기분이 어때?"라고 말로 물어볼 수 있어요. 그런데 이때 아이가 자신의 감정을 솔직히 말하지 않고 감추는 경우도 있습니다. 바로 이럴 때 부모의 콜드 리딩 능력이 필요합니다.

## 아이 표정으로 다양한 감정 읽기

아이들은 어른에 비해 감정 표현이 솔직합니다. 그래서 감정 상태가 얼굴에 잘 나타나지요. 조금만 관심을 기울이면 아이의 표정을 보고 속마음을 더 정확하게 읽을 수 있답니다. 우선 양육자의 콜드 리딩 능력이 어느 정도 수준인지 확인해 볼까요?

아래의 그림을 보고, 그림 속 아이가 느끼는 감정이 무엇인지 답

을 생각해 보세요.

정확히 맞추기는 힘들어도 대략적으로는 맞추셨을 텐데요. 그럼, 제시된 그림 속 표정을 토대로 아이의 표정이나 자세를 통해 감정을 읽는 방법을 배워보지요.

사람이 느끼는 감정은 수없이 많습니다. 이것은 어느 나라, 어떤 문화권에 속하느냐에 따라 조금씩 달라지기도 하죠. 하지만 인간이라면 누구나 느끼게 되는 공통적인 감정 일곱 가지가 있습니다. 바로 화, 두려움, 놀라움, 행복, 슬픔, 경멸, 혐오입니다.

미국의 전설적인 감정학자 폴 에크만Paul Ekman은 미국인이든 한국인이든 아프리카인이든, 인간이라면 공통적으로 이 일곱 가지 감정을 느낀다고 보았습니다. 이 일곱 가지 감정은 일상생활에서 자주 나타나는 감정이기도 하죠. 재미있는 것은 이 감정들을 드러내는 얼굴 표정이나 자세도 전 세계적으로 비슷하다는 겁니다.

예를 들어 아프리카에 사는 부족이라 하더라도 슬플 때 웃지 않습니다. 기분이 좋을 때는 지구상의 모든 사람들이 입꼬리를 올리며 웃지요. 이것은 배워서 짓는 표정이 아니라, 태어날 때부터 본능적으로 짓는 표정입니다. 갓난아기조차도 뭔가 불만이 있거나 슬플 때는 우는 표정을 짓고, 즐거울 때는 미소를 지어요. 어느 누구도 아기에게 표정을 가르친 적이 없는데 말이죠.

앞에서 보았던 첫 번째 표정 그림을 살펴볼까요? 내 아이가 이런 얼굴 표정을 짓는다면, 어떤 감정을 느끼고 있는 걸까요?

맞아요, 행복입니다. 입꼬리가 귀쪽으로 끌어당겨져 있죠. 아이가 행복을 느끼며 웃고 있습니다.

그렇다면 다음 그림은 어떨까요? 아이는 지금 어떤 감정을 느끼고 있을까요?

슬픔입니다. 슬픔을 나타내는 큰 특징은, 눈썹꼬리가 아래로 처져 있다는 거예요. 슬픈 감정을 느낄 때 사람의 눈꼬리는 이렇게 밑으로 처지게 되지요. 걱정이나 염려를 할 때도 마찬가지고요.

자, 표정 그림들을 조금 더 살펴볼게요. 다음 그림의 아이는 어떤 감정을 느끼고 있는 걸까요?

일단 눈을 크게 뜨고 있네요. 눈이 커져있다면 두 가지 감정 중 하나일 확률이 높습니다. 두려움이나 놀라움이죠. 영화에서 무서운 장면을 보고 두려움을 느낄 때, 또는 갑자기 나타난 자동차를 보고 놀랐을 때 아이는 눈이 커집니다.

그렇다면 위의 표정은 두려움일까요, 놀라움일까요? 답은, 놀라움입니다. 무언가에 놀라 눈과 입 모양이 동그랗게 벌어져 있지요. 얼굴에 긴장감이 없어요. 두려움과 놀라움은 눈보다는 입 모양으로 구별할 수

있어요.

두려운 표정은 놀라운 표정과 조금 다른데요. 앞선 그림처럼 입이 일자로 옆으로 벌어지며 입꼬리가 밑으로 처져있다면 두려움을 느끼고 있는 겁니다.

그다음 그림은 어딘지 익살스러워 보이네요. 이건 어떤 감정을 느낄 때 나오는 표정일까요?

이 표정은 '썩소', 즉 '썩은 미소'라고 불리는 경멸의 표정입니다. 누군가를 비웃을 때 흔히 볼 수 있죠. 형이 동생에게 "넌 오늘 하루 종일 게임만 하냐?"라고 했을 때 동생이 이런 표정을 지었다면 속으로 이렇게 생각했을 확률이 커요. '칫, 형도 엄마 없을 땐 맨날 게임만 하면서!'

또 다른 표정으로 넘어가 볼게요. 이 아이가 느끼는 감정은 무엇일까요? 이 표정은 대번에 알아차릴 수 있으실 거예요. 우리 아이가 친구와 싸우거나, 뭔가 못마땅한 일이 있을 때 이런 표정을 자주 지었을 텐데요.

바로 화입니다. 아이의 눈썹이 가운데로 모아져 있습니다. 그리고 무엇보다 턱과 입에 힘이 잔뜩 들어가 있는 걸 알 수 있어요. 아이가 이런 표정을 짓고 있다면 화가 단단히 나있는 겁니다.

이제 마지막 퀴즈입니다. 아래의 아이는 어떤 감정을 드러내고 있을까요?

답은 혐오감이에요. 혐오감은 매우 극단적이고 위험한 감정입니

다. 이 감정은 단순한 미움과는 다릅니다. 혐오감이란 어떤 물건이나 대상, 사람이 극도로 싫을 때 생기는 감정이거든요. 그래서 일단 무언가에 대해 혐오감이 생기면, 그 마음을 돌이키기가 쉽지 않습니다. 회복되는 데에도 많은 시간이 걸리고요.

혐오감을 느낄 때의 가장 큰 특징은, 얼굴이 가운데로 몰리면서 코가 뭉뚱그려지는 느낌이 강해진다는 거예요. 가족들과 외식을 하러 나갔다고 가정해 볼게요. 코스 메뉴를 시켜서 먹고 있는데, 갑자기 평소 내가 제일 싫어하는 요리가 등장했습니다. 음식점 직원이 그 음식 그릇을 테이블 앞에 내려놓을 때 내 콧구멍의 넓이는 넓어질까요, 좁아질까요?

이때 콧구멍은, 그 음식 냄새를 최대한 맡지 않기 위해 크기가 바로 줄어듭니다. 그림 속 아이의 코처럼 가운데로 뭉뚝해지는 거죠. 이와 비슷하게, 싫어하는 사람 앞에 있으면 그 사람의 체취가 맡기 싫어 무의식적으로 콧구멍의 크기가 좁아지기도 합니다.

이렇게 아이의 감정은 표정을 보고 어느 정도 파악할 수 있습니다. 그러나 보호자가 아이의 감정을 읽는 것보다 더 중요한 건, 아이 스스로 감정을 알아차릴 수 있도록 가르치는 일입니다. 보호자가 아이의 감정을 보살피는 데에는 한계가 있으니까요.

결국 자신의 감정은 자신이 스스로 읽고 현명하게 관리해야 합니다. 따라서 아이가 자기 감정을 스스로 읽고 돌아보는 훈련을 어릴 적부터 시켜야 하지요.

## 감정 체크판으로 스스로 감정 파악하기

아이의 감정을 알 수 있는 두 번째 방법을 소개해 드릴게요. 이 방법은 특히, 양육자뿐 아니라 아이가 평소 활용하면서 스스로의 감정을 읽는 데에도 도움이 되는 툴이에요.

이 툴의 이름은 감정 체크판입니다. 감정 체크판은 현재 본인이 느끼는 기분 상태와 신체 에너지를 바탕으로 자신의 감정을 읽을 수 있는 자가 진단 툴입니다. 예일대학교 심리학과의 데이비드 카루소David R.Caruso 박사가 개발했고, 제가 한국에 처음으로 소개하면서 지금은 대부분의 초등학교에서 활용하고 있는데요. 감정 체크판을 활용하면 일상생활에서 자신과 다른 사람의 감정을 쉽게 읽을 수 있습니다.

감정 체크판

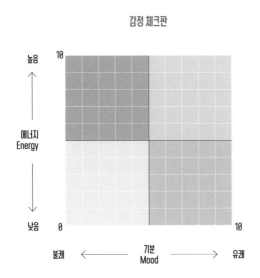

감정 체크판의 활용법은 쉽고 간단합니다. 우선, 에너지와 기분을 토대로 자신의 현재 상태를 체크하세요. 세로축은 현재 자신이 느끼는 에너지입니다. 0에 가까울수록 힘이 없는 상태이고, 10에 가까울수록 힘이 넘치는 상태죠. 가로축은 현재 내가 느끼는 기분입니다. 0에 가까울수록 불쾌한 상태이고, 10에 가까울수록 유쾌한 상태를 나타냅니다.

감정 체크판의 네 가지 분면은 감정의 대표적인 종류에 따라 달라집니다. 오른쪽 아래는 만족스러운 상태, 오른쪽 위는 행복한 상태, 왼쪽 위는 분노, 왼쪽 아래는 우울한 상태를 의미해요.

아이가 처음부터 감정 체크판을 혼자 활용하기는 쉽지 않습니다. 양육자 또는 다른 가족 모두와 함께 시작해 보세요. 이유도 서로 물어보고요. 이런 식으로 차츰 습관을 들이시면 돼요.

우선은 아이에게 현재 기분이 어떠냐고 물어봐 주세요.

"지금 네 기분은 10점 만점에 몇 점 정도야?"

기분이 좋지 않다면 점수가 0에 가까워질 것이고, 기분이 좋다면 10에 가까워질 겁니다. 아이가 몇 점인지 이야기하면, 그런 점수를 매긴 이유에 대해서도 물어보세요. 그러면 "오늘 저녁에 가족들끼리 외식할 거라서 기분이 좋으니 10점이에요"와 같이, 대부분의 아이들이 자신의 기분 상태에 대해 무리 없이 설명합니다.

그다음에는 아이에게 신체 에너지를 물어보세요.

"지금 어느 정도로 힘이 나는 것 같아? 10점 만점에 몇 점이야?"

예를 들어, "10점 만점에 8점"이라고 답했다면, 아이는 현재 신체 에너지가 상당히 충만한 상태입니다. 역시 그 이유에 대해 물어봐 주시면 됩니다. 그러면 아이는 "오늘 좋아하는 소시지 반찬을 먹어서 힘이 나요"와 같이 대답할 겁니다. 아이의 대답을 토대로 감정 체크판에 아래와 같이 체크해 주시면 감정 체크판이 완성됩니다.

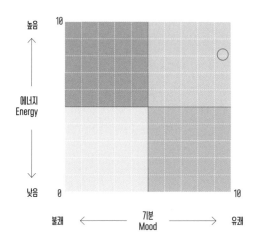

이제 각각의 표시된 분면에 따라 감정 상태를 해석해 볼게요. 우선 위의 그림처럼 1사분면에 체크되어 있다면, 어떤 감정을 느끼는 걸까요? 바로 '기분 좋음' 상태입니다. 지금 이 아이는 기분이나 신체에 문제가 없습니다. 이 기분을 유지할 수 있도록 해주면 충분합니다.

한편 아이의 기분은 10점 만점에 8점 정도로 좋은 상태인데, 신체에너지는 3이나 4밖에 안 될 수도 있습니다. 기분은 괜찮지만 몸에 힘

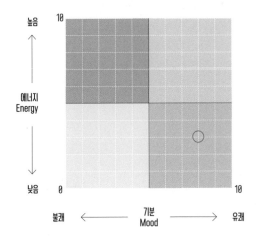

이 없는 경우인데요. 이때는 만족스럽거나 차분한 상태입니다. 아이가 에너지를 보충하도록 영양이 듬뿍 들어간 간식과 함께 몸의 온도를 높여주는 따듯한 코코아나 우유 등을 챙겨주는 것이 도움이 됩니다. 신체 에너지를 높여주면 '기분 좋음' 상태인 1사분면으로 이동하게 될 테니까요.

또 다른 경우도 살펴볼까요? 아이의 신체 에너지를 물어봤더니 아이가 "9점"이라고 하네요. 그리고 기분은 "매우 안 좋다"라고 합니다. 신체 에너지는 높은데 기분이 저조한 건 어떤 감정 상태일까요? 이것은 화가 나있거나 짜증스러운 상태, 혹은 불안한 상태입니다. 대개 화가 나면 몸이 활활 타오르는 것처럼 뜨거워지죠. 씩씩대며 행동도 거칠어집니다. 이럴 때는 아이의 신체 에너지 수준을 조금 낮춰주면서 기분을 즐

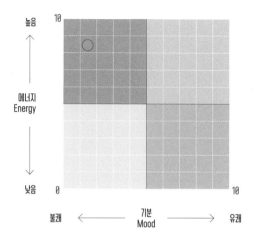

높음 10

↑

에너지
Energy

낮음 0

10

불쾌 ← 기분 → 유쾌
Mood

겂게 바꿔줘야 합니다.

하버드대학교 의대 등의 연구 결과에 따르면, 클래식 음악을 들은 90퍼센트의 사람들이 감정적, 정신적, 육체적 도움을 받았다고 합니다. 아이의 흥분된 상태를 차분하게 가라앉히기 위해 조용한 음악을 틀어 주면 한결 도움이 되겠지요.

이때, 보호자가 주의할 사항이 있어요. 화가 난 아이에게 화내지 말라고 소리를 지르면 아이의 신체 에너지 수준이 낮아질까요? 결코 그렇지 않습니다. 아마 '10점 만점의 10점'으로 고조될 거예요. 아이는 더 심하게 화를 내며 마룻바닥을 데굴데굴 구르거나 크게 소리를 지를 수도 있습니다.

아이가 흥분할수록 부모는 더 차분하고 조용조용하게 말해야 합니다. 이미 화가 난 아이에게 부모의 큰소리는 별 효과가 없습니다. 오히려 더 많이 흥분하지요. 그보다는 침착하고 단호한 목소리가 아이를 자제시키는 데에 도움이 됩니다. 아이가 부모의 목소리를 듣기 위해 순간 집중하면서, 흥분도가 점차 가라앉는 효과도 있고요.

한편, 기분이 좋아지게 만들기 위해서는 평소 아이가 좋아하는 일들을 기억해 두었다가 하게 해주는 것도 도움이 됩니다. 어떤 아이는 목욕탕에 물을 받아 물놀이하는 걸 좋아합니다. 화가 나거나 우울할 때에는, "엄마, 저 목욕탕에 물 좀 받아주세요"라고 스스로 이야기할 수 있도록 이끌어주세요. 또 어떤 아이는 레고를 조립하면서 기분이 나아지기도 합니다. 아이마다 즐거움을 느끼는 행동이나 놀이가 다르죠. 평소 부모가 "너 기분이 좀 안 좋아 보이네. 뭘 하면 네 기분이 좋아질까?"라고 질문을 던지면, 아이도 그 부분에 대해 자연스럽게 생각해 보게 됩니다.

마지막으로 아이의 기분이 좋지 않은데 신체 에너지까지 낮은 경우를 알아볼게요. 감정 체크판의 3사분면에 아이의 감정이 위치하는 경우입니다. 주로 아이가 우울하거나 걱정이 있을 때, 또는 슬플 때 3사분면에 체크가 됩니다. 아이가 이런 감정들을 느끼고 있다면 어떻게 해주는 게 좋을까요?

일단은 꼭 안아주세요. 신체 에너지가 낮다는 건 힘이 없다는 뜻이기도 하지만, 체온이 낮다는 걸 의미하기도 하거든요. 따뜻하게 안아주고 쓰다듬어 주는 것만으로도 아이의 신체 에너지는 회복되기 시작

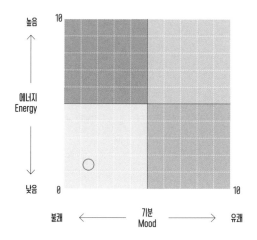

해요. 아이가 평소 좋아하는 반찬을 만들어줘서 맛있게 식사할 수 있도록 하는 방법도 좋아요. 그 외에, 아이가 좋아하는 놀이를 같이 하면서 기분을 상승시켜 줄 수도 있습니다. 이때, 아이는 전반적으로 몸에 힘이 부족한 상태이므로 과격한 운동이나 무리가 되는 일은 자제하는 게 좋습니다.

그렇다면 감정 체크판은 얼마나 자주 활용하는 게 좋을까요? 처음 시작은 하루에 한 번 정도 체크해 보세요. 하루를 시작하는 아침, 식사를 하기 전에 아이와 간단히 감정을 체크합니다. 또는 하루를 마치는 저녁 시간에 하는 것도 좋습니다. 감정을 체크한 후에는 왜 그런지, 어떤 일 때문에 오늘 기분이 좋지 않은지, 또는 왜 기운이 없는지에 대해 이야기를 나눠주세요. 부모가 아이의 상황을 자연스럽게 알 수 있는 소중한 기회가 됩니다.

아이가 재미를 붙여 어느 정도 익숙해지면, 하루 두 번으로 늘릴 수 있어요. 참고로 저는 하루에 세 번 제 감정을 체크합니다. 감정의 흐름을 스스로 직접 확인할 수 있으니 큰 도움이 된답니다. 예를 들어 아침에는 기분이 좋았는데, 저녁 무렵 감정을 체크해 보니 2사분면에 가 있을 때가 있어요. 그러면 하루 중에 나를 화나게 한 사건이 있었나 생각해 봅니다. 이유 없는 감정은 없으니까요. 곰곰이 생각해 보면 왜 그런 감정이 생겨났는지 원인을 찾아낼 수 있어요. 스스로 스트레스를 받는 상황이나 원인을 알게 되면 이후 감정 관리가 더 쉬워집니다.

## 감정 온도계로 감정의 강도 알아차리기

앞서 아이의 표정으로 다양한 감정들을 읽어내거나, 감정 체크판으로 스스로 느끼는 감정의 종류가 무엇인지 파악하는 방법을 살펴보았는데요. 지금부터 소개해 드릴 감정 온도계는, 지금 아이가 느끼는 특정 감정이 어느 정도 강렬한지를 확인할 수 있는 도구랍니다.

아시는 것처럼 원래 온도계는 날씨가 춥거나 더운 것 등 기온에 따라 빨간 막대가 올라가거나 내려가게 되어있습니다. 감정 온도계도 이와 유사해요. 감정 온도계는, 자신이 느끼는 감정의 강도에 따라 온도를 나타내는 빨간 막대가 끝까지 올라갈 수도 있고 가장 밑으로 내려갈 수도 있어요. 감정이 얼마나 강렬하느냐에 따라 100도가 될 수도 있고,

0도에 가까운 낮은 수준으로 떨어질 수도 있는 것이죠.

그럼 지금부터 감정 온도계의 활용 방법을 알려드릴게요. 일단 아래의 감정 온도계 그림을 아이에게 보여주고 앞서 제가 설명한 내용을 간단히 말해주세요.

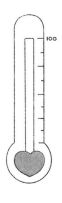

감정 온도계

그리고 아이에게 하루 동안 느꼈던 감정들 중 가장 기억나는 감정이나 자주 느꼈던 감정이 무엇인지를 물어봐 주세요. 물론 아이가 잘 모르겠다고 대답할 수도 있어요. 그럴 때는 "오늘 기분이 어땠어?"라고 간단히 질문해도 됩니다. 아이가 "기분 좋았어"라든가 "짜증났어" 등으로 대답하면 그걸 온도계에 표시하면 되니까요. 양육자가 먼저 "오늘 아빠는, 회사에서 좀 창피한 일이 있었어. 창피한 게 가장 많이 기억나!"라고 먼저 예를 들어주면 아이가 더 쉽게 이해할 수 있답니다.

만약 아이가 "나 오늘 많이 화났었어!"라고 대답했다면, 그 감정을 온도계 이름표에 적도록 해주세요. 그리고 어느 정도로 화가 났었는지를 직접 색칠하도록 해주면 되는데요. "그 감정을 온도계에 색칠한다면, 온도는 몇 도 정도가 될까? 아주 뜨거울까? 아니면 그냥 보통 정도였어?"라고 물어보면 됩니다. 양육자 먼저 시범으로 온도계에 색칠하는 모습을 보여주면서요.

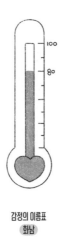

**감정의 이름표**
화남

감정의 온도를 색칠했다면, 왜 그 감정을 느꼈는지, 어떻게 마음을 추스렸는지에 대해서도 이야기를 나눠주세요. 이때 "그런 일이 있으면, 네가 이렇게 했어야지!" 등의 반응은 보이지 마세요. 자칫 혼나거나 잔소리 듣는 시간으로 느껴지면, 아이는 아마 감정 온도계를 쳐다보기도 싫어질걸요. 감정 온도계를 색칠하는 이유는 딱 한 가지라는 것을 기억하면 됩니다. 바로 내 아이가 오늘 어떤 감정을 어느 정도로 강렬하게 느꼈는지를 아는 것 말이에요.

이때, 책에 나와있는 감정 온도계를 한 개만 활용할 수도 있지만, 두 개 또는 세 개 등 더 많이 사용할 수도 있어요. 왜냐하면, 사람은 하루를 보내면서 한 가지 감정만 강하게 느끼는 게 아니거든요. 어떤 상황에서는 동시에 여러 감정을 느낄 수 있어요. 그러니 아이가 다양한 감정을 연달아 말할 경우, 각각의 감정 이름을 온도계에 붙여준 후 강도를 표시하게 하면 됩니다. 책의 그림 페이지를 복사해서 계속 사용해도 되고, 아이와 함께 감정 온도계를 직접 그려도 좋습니다.

아이와 함께 감정 온도계를 활용할 경우, 아침보다는 하루를 마무리하는 오후나 저녁에 시간을 갖는 것이 더 효과가 좋아요. 그날 하루에 있었던 일들에 대해 양육자와 자연스럽게 대화할 수 있는 기회를 만들 수 있으니까요.

**감정을 읽고 관리하는 단계별 지침**
- 아이와 함께 감정 체크판으로 서로의 감정을 읽어보세요.
- 감정 온도계를 활용하여, 아이가 느낀 감정의 강도를 확인해 주세요.
- 왜 그런 감정이 들었는지 원인을 함께 이야기하세요.
- 아이가 스스로 그런 감정이 드는 이유를 이야기할 수 있도록 도와주세요.
- 감정에 대해 솔직하게 이야기할 수 있도록 편한 분위기를 만들어주세요.

# 우리 아이 감정을 읽는 감정 카드 놀이

1. 마분지에 직사각형을 여러 개 그리고, 그 위에 다양한 감정의 단어들을 적어주세요. 특히 아이가 자주 느끼는 감정들이 포함되면 더 좋아요. 감정은 단어를 써서 표현해도 좋고, 감정을 나타내는 여러 가지 그림을 넣어도 좋습니다.

2. 아이와 함께 감정 카드를 오려주세요. 양육자가 다 만들지 말고 아이와 함께 만들면서 아이의 흥미를 유도하는 편이 더 좋습니다.

3. 아이에게 "지금 네가 어떤 감정을 느끼는지 한번 알아맞혀 볼게"라고 제안한 후 아이의 감정 상태로 생각되는 카드를 골라서 보여주세요. 이렇게 종종 아이와 감정 카드 놀이를 하면서 아이의 감정을 맞춰보는 게임을 하면 됩니다. 반대로, 아이가 부모의 감정을 맞춰볼 수도 있겠죠.

4. 서로 이야기를 나누면서, 왜 그 감정 카드를 골랐는지, 원래 본인이 느낀 감정은 무엇이었는지 등을 설명하면 됩니다. 한층 더 마음이 가까워질 거예요!

# 긍정 감정, 부정 감정 모두 공감해 주세요

부모들이 내 아이에게 무슨 문제가 있는 게 아닐까 걱정하는 때는 대개 정해져 있습니다. 아이가 심하게 화를 내거나, 우울해하거나, 울거나, 무서워하는 등 부정적인 감정을 느낄 때죠. 아이가 이런 감정을 보이면, 부모는 '우리 아이가 왜 이럴까? 뭔가 잘못된 게 아닐까?' 하는 걱정부터 합니다. 하지만 이런 감정들을 드러내는 것은 결코 걱정할 문제가 아닙니다. 우리 아이가 정상이라는 뜻이니까요. 오히려 항상 명랑한 아이, 언제나 웃고 있는 아이가 감정적으로 더 위험할 수 있습니다. 왜 그럴까요?

사람의 내면에는 다양한 감정이 있습니다. 우리가 말로 표현하지 못할 정도로 많은 감정이 존재하지요. 이러한 감정은 그때그때 상황에 따라 적절히 나타나는데, 크게 긍정적인 감정과 부정적인 감정으로 나눌 수 있습니다. 물론 중성적인 감정, 즉 아무 감정이 들지 않는 일종의 '멍한' 상태도 있지만, 보통은 긍정적 감정과 부정적 감정 두 가지로 나뉩니다.

## 나쁜 감정은 없어요

그런데 많은 부모들은 아이가 부정적 감정을 표현하는 걸 걱정합니다. 이때 부모가 알아야 할 중요한 한 가지는 우리 안에 존재하는 감정들은 다 나름의 존재 이유를 갖고 있다는 겁니다.

예를 들어 아이가 방과 후 운동장에서 축구를 하며 놀고 있었어요. 그런데 갑자기 옆 반 아이들이 나타나 공을 빼앗습니다. 아이를 밀치고 방해합니다. 누가 봐도 부당하고 억울한 상황이지요. 이때 아이는 어떤 감정을 느끼게 될까요? 당연히 '화'겠지요. 부당한 일을 당했을 때 자연스럽게 느끼는 감정이 바로 화입니다. 만약 이 상황에서 화가 나지 않는다면, 그래서 이런 상황에서도 마냥 웃고 서있는다면 문제가 있는 겁니다. 화내야 할 상황에 화를 내지 못하는 것이니까요. 감정적으로 건강한 아이는 상황에 따라 그에 맞는 적절한 감정을 느낍니다.

아이가 부정적인 감정을 표현했을 때 보호자가 보이는 반응도 참 중요한데요. 과잉 행동을 보이거나 크게 걱정하는 모습을 보이면 아이는 처음보다 몇 배나 더 불편해합니다.

아이가 기분이 좋아서 "엄마, 나 기분 진짜 좋아" 하고 웃으며 말하면 평소 어떻게 대답하시나요? "그래? 우리 민주가 기분이 좋구나" 하며 함께 웃어주시잖아요. 아이의 말을 받아주면서 아이와 비슷한 표정을 지어주시고요.

부정적인 감정에도 이와 똑같이 반응하면 됩니다. "엄마, 나 지금 정말 화났어"라고 아이가 흥분해서 말했다면, "그래? 우리 민주가 화가 났구나" 하며 아이의 표정과 비슷한 표정을 지어 보여주세요. 이것이 바로 진정한 공감입니다. 이런 엄마의 말과 표정을 통해 아이는 보호자가 내 감정을 진심으로 이해했다고 믿습니다. 아울러, 감정을 억누르지 않고 자기 감정에 솔직하게 대처하는 법도 배울 수 있게 되고요.

**아이의 감정 표현에 공감하는 건 특히 중요해요**
- 감정적으로 건강한 아이는 상황에 맞는 적절한 감정을 느낍니다.
- 아이가 부정적인 감정을 표현했을 때에도 그 감정에 공감해 주세요.
- 아이는 부모의 말과 표정을 통해 부모가 자신의 감정을 공감하고 있다는 것을 알게 돼요.
- 부모가 아이의 감정을 공감해 주면, 아이는 스스로에게 긍정적이고 너그러운 아이로 자라난답니다.

# 현명한 양육자는
# 이렇게 공감해요

아이는 일상생활에서 다양한 감정을 보입니다. 따라서 각각의 감정에 대한 양육자의 대응 방법도 달라야 합니다. 아이가 화를 낼 때와 슬퍼할 때, 양육자는 각각의 감정에 대해 다른 반응을 보여야 한다는 것이지요. 아이가 화가 났는데, 슬퍼했을 때와 똑같이 무조건 위로를 해주는 것은 별 도움이 되지 않습니다. 감정의 종류에 따라 양육자도 유연하게 대응해 줘야 합니다.

# 아이 감정 관리 3단계

하지만 아이가 어떤 감정을 보이든, 아이의 감정 관리를 할 때 양육자가 기본적으로 해야 할 행동 원칙이 세 가지 있습니다. '멈추기Stop – 바라보기Look – 듣기Listen 법칙'입니다. 아이가 보이는 다양한 감정들에 따라 각각 적절한 반응과 공감을 해주되, 양육자는 이 3단계를 순서대로 밟아가야 합니다.

### 1단계_ 멈추기

아이가 어떤 형태로든 감정을 보이면 일단 하던 일이나 행동, 말을 모두 멈추세요. 만약 아이가 어떤 감정을 드러냈을 때, 양육자가 하던 일을 계속한다면 아이는 양육자가 자신에게 별 관심이 없다고 생각할 겁니다.

학교에서 돌아온 아이가 침울한 표정으로 엄마에게 다가옵니다. 부엌에서 설거지를 하던 엄마가 흘깃 돌아보며 묻습니다.

"왜 그래? 무슨 일 있었니?"

아이가 대답이 없자, 엄마는 하던 설거지를 다시 시작합니다. 그러고는 계속 그릇을 씻으며 "말해 봐, 얼른!" 하고 대답을 재촉하지요. 아이가 뭐라 대답하지만, 목소리는 설거지통에서 그릇들이 서로 부딪히는 소음과 물소리에 섞여버리고 맙니다.

이런 상황에서 아이는 어떤 느낌이 들까요? 자신의 침울한 표정을 보고도 계속 등을 돌린 채 설거지에 몰두하는 엄마에게 어떤 감정을 느낄까요? 당연히 서운함이지요! 그러면 아이는 더 이상 엄마에게 자기 이야기를 하고 싶어 하지 않습니다.

아이의 감정 관리를 잘하려면 좀 더 세밀한 부분까지 마음을 써주어야 합니다. 하던 일이 무엇이든, 아이가 감정을 보인다면 일단 멈추세요. 그게 아이와 감정을 나누는 첫 번째 단계입니다.

### 2단계_ 바라보기

행동을 멈춘 다음에는 아이를 바라보세요. 종종 목소리만 들어도 아이의 상태를 충분히 알 수 있다는 부모들이 있는데, 아무리 부모라 해도 자식에 대해 100퍼센트 안다고 생각하는 건 위험합니다. 나 자신에 대해서도 때로 이해가 되지 않거나 도저히 알 수 없을 때가 있는데, 나와 완전히 다른 인격체인 아이의 마음을 어떻게 목소리만으로 완전히 알 수 있나요.

더구나 나이가 어릴수록 아이들은 자기 감정을 온몸으로 표현합니다. 그러니 반드시 얼굴과 몸 전체를 살피면서 아이가 어떤 상태인지 파악해 주세요. 아이가 울고 있는지, 눈썹을 찌푸리며 화가 나있는지, 두려움으로 몸이 굳어있는지 등을 살펴주세요. 아이를 바라보아야 아이의 상태에 대해 객관적으로 파악할 수 있습니다.

게다가 아이는 보호자가 자신을 바라봐 줄 때 그 관심과 애정을 직접적으로 느낍니다. 서로가 서로를 바라보는 것은 감정을 소통하는

데 있어 가장 기본적이며 중요한 행동입니다. 보호자가 아이를 바라볼 때부터, 아이의 마음에 이미 안정감이 생기기 시작합니다.

### 3단계_듣기

행동을 멈추고 아이를 바라보았다면, 이제 아이의 말을 들어주세요. 아이가 감정을 드러낼 때 대부분의 부모는 당황합니다. 그래서 아이에게 일방적으로 질문을 퍼붓습니다. "무슨 일 있니?" 묻고 나서도 아이의 대답을 차분히 기다리지 못합니다. 어눌한 아이의 대답을 끝까지 기다리지 못해 자꾸 말을 끊고 다시 묻습니다. "그래서 뭐가 어쨌다는 건데! 답답하니까 빨리 말해." 그러잖아도 속상한 아이는 부모의 재촉에 마음이 더 상합니다.

지금 한번 생각해 보세요. 아이와 대화하면 누가 더 이야기를 많이 하나요? 두 사람의 대화량을 10이라 할 때 양육자와 아이는 각각 어느 정도 비율로 이야기하나요? 양육자가 먼저 아래의 표에 숫자로 비율을 적어보세요.

**아이와 대화할 때, 시간 점유율 (10을 기준으로)**

| 양육자 | 아이 |
| --- | --- |
|  |  |

이번에는 아이에게 물어봐 주세요. 엄마나 아빠가 얼마나 이야기

를 잘 들어주는지 100점 만점으로 점수를 매겨달라고 부탁합니다.

**아이의 평가 (중간에 말을 끊지 않고 잘 들어주는 능력)**

| 양육자 1 | 양육자 2 |
| --- | --- |
| 점 | 점 |

어쩌면 양육자가 막연히 생각했던 것보다 훨씬 점수가 나쁠지도 모릅니다. 결과에 대해 한번 이야기해 볼까요?

우선 아이와 대화할 때, 시간 점유율입니다. 양육자가 객관적으로 비중이 적었다는 전제에서, 양육자와 아이의 말하는 비율이 3대 7 정도라면 잘 들어주는 경청형 부모입니다. 반면 말하는 비율이 부모가 7, 아이가 3 정도라면 아이의 생각과 감정은 무시한 채 부모의 입장만을 강요하고 있는 겁니다. 부모와 아이 사이의 대화 장면을 녹화하여 관찰해 보면, 말하는 비율이 부모가 9나 10인 경우도 있습니다. 아이의 말은 아예 듣지 않고 부모만 말하는 극단적인 경우지요.

우선적으로 아이의 말을 들어주세요. 부모가 파악한 상황을 가지고 부모 입장에서 해석부터 하려고 하지 마세요. 아이가 스스로의 감정과 상황을 설명할 수 있도록 기회를 주세요. 아이는 직접 입으로 말하면서 스스로 감정을 정리할 기회를 갖게 됩니다. 더불어 자신의 상황을 다른 사람에게 설명하는 능력도 키우게 되지요.

아이의 말을 들을 때는 조금 더 직접적으로 '집중하고 있음'을 표

현해 주세요. 고개를 끄덕이거나 "정말?" "아, 그렇구나" 등의 반응으로
요. 그 순간, 엄마 아빠의 관심은 오로지 너뿐이며 네가 가장 소중한 존
재라는 느낌을 전달해 주세요.

**내 아이와 마음을 나누는 3단계 대화법**

· **1단계_ 멈추기**　아이가 감정을 표현할 때는, 하던 일을 멈추고 주의를 기울이
　　　　　　　　　세요.

· **2단계_ 바라보기**　아이의 눈을 바라보며 얼굴을 마주하세요.

· **3단계_ 듣기**　인내심을 갖고, 아이의 말을 끝까지 들어주세요.

내 아이와의
감정 소통

# 양육자로서 나의
# 경청 수준 진단

・ **양육자 스스로 자가 진단을 해보세요**

| 나는 아이의 말을 얼마나 경청하고 있나요? | 전혀 아니다 | 가끔 그렇다 | 대부분 그렇다 | 항상 그렇다 |
|---|---|---|---|---|
| 아이가 나에게 말을 하기 시작하면, 하던 일을 바로 멈춘다. | 1 | 2 | 3 | 4 |
| 아이가 말할 때는 아이의 얼굴을 똑바로 바라본다. | 1 | 2 | 3 | 4 |
| 아이의 말을 잘 듣고 있다는 걸 표현한다.<br>(고개 끄덕이기, "아, 그랬구나" 등의 반응) | 1 | 2 | 3 | 4 |
| 아이가 어떤 감정을 느끼면서 말하는지 나름대로 추측하려고 애쓴다. | 1 | 2 | 3 | 4 |
| 아이가 말하는 도중에 횡설수설해도 끝까지 참고 기다려준다. | 1 | 2 | 3 | 4 |
| "그러니까 말하려는 게 뭐야?" 하고 면박을 주지 않는다. | 1 | 2 | 3 | 4 |
| "바쁘니까 나중에 말할래?"라며 대화를 미루지 않는다. | 1 | 2 | 3 | 4 |

총 점수가 15점 이하인 경우에는, 아이와의 소통 방식에 소홀한 것으로 볼 수 있습니다. 아이 감정 관리의 핵심은 아이와의 감정 소통입니다. 아이와 원활한 감정 소통을 하기 위해, 감정 관리의 3단계를 반드시 기억하고 실천해 주세요.

# 마음 소통 노트를 만들어주세요

저는 다양한 사람을 대상으로 감정 코칭을 합니다. 기업의 CEO와 임원에서부터 청소년, 어린이에 이르기까지 매우 다양하지요. 이때 저의 가장 중요한 업무 중 하나는, 코칭을 받는 상대방에 대해 기록하는 겁니다. 감정에 대해 나눈 이야기를 흘려보내지 않고, 눈으로 확인할 수 있도록 기록으로 남기는 거죠. 이 자료는 이후 코칭이 모두 마무리되면 본인에게 일종의 선물로 전달하는데요. 스스로 자신을 돌아보거나 본인의 성향을 더 잘 이해하는 데 도움을 줍니다.

양육자가 아이를 키울 때에도 이런 방식은 큰 도움이 됩니다. 아이가 어떤 상황에서 어떤 감정으로 힘들어했는지 또는 즐거워했는지를 기록으로 남겨두세요. 양육자가 아이에 대해 더 잘 알아가며, 아이가 스스로를 더 잘 이해하는 데 아주 좋은 자료가 된답니다.

그렇다면 양육자와 아이가 함께 만드는 마음 소통 노트는 무엇일까요? 일단 아이가 감정적으로 상처를 입거나 힘들 때, 아이가 그 내용을 노트에 적도록 해주세요. 이 노트를 양육자에게 전달하면 양육자는 아이의 글을 읽고 본인의 생각이나 의견을 달아줍니다. 마음 소통 노트는 일종의 상담 노트가 되는 거죠.

마음 소통 노트를 잘 활용하면 여러 가지 좋은 점이 있습니다. 우선 아이의 생각과 감정을 좀 더 상세히 알 수 있어요. 어떤 일 때문에 마음이 울적한지, 무엇 때문에 스트레스를 받는지를 부모가 바로바로 파악할 수 있게 돼요.

두 번째 장점은, 부모와 아이 관계가 친밀해집니다. 실은, 이 효과가 가장 중요하지요. 아이들 중에는 부모나 양육자에게 거리감이나 부정적 감정을 강하게 느끼는 경우도 예상 외로 많습니다. 대개는 부모의 끊임없는 잔소리나 강요가 서로 간의 관계를 점점 더 멀어지게 만들지요. 그런데 마음 소통 노트를 쓰기 시작하면 부모와 아이는 말로 할 때보다 훨씬 이성적으로 차분하게 서로의 의견을 주고받을 수 있습니다. 감정적으로 흥분해서 하지 말아야 할 말을 하거나 서로에게 상처를 주는 일도 줄어들죠.

흔히 일어나는 일을 예로 들어볼까요? 아이들 사이에서 파자마

파티를 열게 되었다고 가정해 볼게요. 아이가 친구 집에 가서 자고 오고 싶다고 하자 아빠가 안 된다고 합니다. "왜 안 되는데요? 딴 애들은 다 허락받았다는데! 나는 왜 안 되냐고요!" 아이가 화를 내기 시작합니다. 그러자 아빠 역시 "말이 되는 소리야? 글쎄, 아빠가 한 번 안 된다면 안 돼!"라고 딱 잘라 말합니다.

이런 상황은 대개, "난 아빠가 정말 싫어. 이제부턴 아빠랑 말도 안 할 거야!" 하며 아이가 방으로 뛰어들어 가는 것으로 끝이 납니다. 그런데 똑같은 상황에서 마음 소통 노트를 활용해 보면 결과가 꽤 많이 달라집니다.

**아이** 아빠, 이번 주말에 친구 집에 놀러 가서 자고 싶어요. 다른 친구들은 이미 다 허락을 받았대요. 아빠 생각은 어때요?

**아빠** 그건 안 될 것 같은데. 친구 집에 가서 자고 오기에는 아직 나이가 어려. 아빠는 네가 가지 않았으면 좋겠어.

**아이** 엄마가 그 친구 엄마 전화번호도 알고 있는걸요. 전화하면 바로 받을 테니까 걱정 안 하셔도 돼요. 전 꼭 가고 싶은데, 허락해 주시면 안 돼요?

**아빠** 미안하다. 아직은 네가 어려서 아빠는 허락하기가 어렵구나. 하지만 4학년이 되면, 그땐 아빠가 다시 생각해 볼게. 아빠가 너를 걱정해서 그러는 거 알지?

아빠의 허락을 받지 못한 아이는 물론 속상해할 거예요. 그러나 적어도 흥분해서 아빠에게 대들거나 방으로 뛰어들어 갈 확률은 줄어듭니다. 왜 친구 집에서 자는 일을 허락할 수 없는지에 대해, 아빠가 말로 할 때보다 훨씬 부드럽게 설명하고 있으니까요.

마음 소통 노트의 세 번째 장점은 아이와 더 깊이 있는 대화를 할 수 있기 때문에 지도하기가 쉬워진다는 것입니다. 아이들은 일정 나이가 넘어가면, 걱정거리가 생겼을 때 부모와 의논하기보다는 또래 친구들에게 물어보는 경우가 많습니다. 그런데 이 방법은 때로 위험을 불러올 수도 있습니다. 생각이 성숙하지 않은 또래 친구들에게서 현명한 조언이 나오기는 어려우니까요. 마음 소통 노트는 부모와 아이가 서로의 생각이나 어려움을 공유할 수 있는 소통의 통로가 됩니다. 그래서 아이가 누구보다 먼저 양육자와 고민을 상담할 수 있도록 만들어줍니다.

## 마음 소통 노트 만들기 5단계

마음 소통 노트는, 부모가 시켜서 하는 것이 아니라 아이가 스스로 원할 때 사용하는 게 좋습니다. 이를 위해, 다음의 5단계를 따라 해보세요.

### 1단계_ 일단 아이에게 마음 소통 노트에 대한 생각을 물어보세요

"우리 서로 말하고 싶은 게 있을 때 쓸 수 있는 예쁜 공책 하나 만들면 어때? 엄마 아빠한테 특별히 하고 싶은 말 있으면, 그 공책에 쓰는 거야. 엄마 아빠도 너한테 할 말 있으면 똑같이 그 공책에 쓸게. 그러면 받은 사람이 답을 써서 다시 돌려주는 거야. 어때?"

### 2단계_ 아이가 직접 마음 소통 노트를 고를 수 있도록 해주세요

아이에게 부모가 시켜서 억지로 한다는 생각이 들지 않게 해야 합니다. 문구점이나 마트에 가서 아이의 마음에 드는 노트를 고르게 해주세요. "그건 그림이 이상해!" "이게 더 낫지 않니? 이걸로 하자!" 등의 말씀은 자제하시고, 아이가 마음에 드는 노트가 있다면 그것으로 선택하세요.

### 3단계_ 일단 부모가 먼저 시작하세요

물론 아이에게 공책을 주면서 "네가 하고 싶은 말 있으면 먼저 써봐"라고 하실 수도 있어요. 최근에 힘들었던 일이나 아빠 엄마에게 서운했던 일에 대해 먼저 쓰도록 시킬 수도 있고요. 하지만 처음에는 무엇이든 익숙하지 않아 아이가 힘들어할 수 있습니다.

그러니 엄마 아빠가 먼저 회사에서 있었던 일이나 친구와 언짢았던 일 등을 아이가 이해하기 쉬운 단어로 적어주세요. 그리고 아이에게 의견을 물어보세요. 의외로 아이는 매우 심각하게 고민한 후 최선을 다해 좋은 답을 써주려고 노력할 겁니다. 항상 모든 답을 알고 있는 것 같고, 자신에게 지시만 하던 부모가 반대로 자신의 의견을 물어보는 것을 아이는 신기하게 생각합니다. 자신이 부모에게 무언가를 알려주고 조언해 주는 것을 즐거워할 거예요.

## 4단계_ 여유를 가지고 기다리세요

제 주위 많은 분들은 이 마음 소통 노트를 잘 활용하고 있는데요. 얼마 전 한 분으로부터 기분 좋은 이야기를 들었습니다. 15년 차 워킹 맘인 그분은 평소 해외 출장도 많고 퇴근 시간도 늦어 아이와 공감대가 별로 없었습니다. 그러다가 제 권유로 이 마음 소통 노트를 시작하셨는데요. 어느 날 회사에서 동료와 있었던 일을 공책에 적어 아이에게 의견을 물었다고 합니다.

"영민아, 엄마가 회사에서 오늘 속상한 일이 있었어. 회사 친구가 여러 사람들 앞에서 엄마에게 심한 말을 했거든. 창피하기도 해서 엄마 내일 회사 가기 싫은데 가지 말까?"

노트에 적힌 엄마의 고민을 읽은 아이가 방에 들어가더니 30분간이나 나오지 않더랍니다. 얼마 후 방에서 나와 엄마에게 건넨 노트에는 이렇게 적혀있었대요.

"엄마, 친구들끼리는 친하게 지낼 때도 있지만, 싸울 때도 있는 거예요. 아마 그 친구도 일부러 그러지는 않았을 거예요. 그리고 회사는 나가야 해요. 안 나가면 지는 거예요."

그분은 아이가 쓴 글을 읽고 순간 웃음이 터져 나왔대요. 아이가 너무나도 귀엽고 사랑스러웠다고 합니다. 아이의 조언이 어른 못지않게 바르고 현명했으니까요.

## 5단계_ 잔소리 노트로 전락하면 안 돼요

양육자는 아이에게 도움이 되는 말들을 해주고 싶어 합니다. 하지만 이런 말들이 반복되면, 아이 입장에서는 어쩔 수 없이 잔소리로 들리게 돼요. 마음 소통 노트가 자칫, 잔소리 노트가 되지 않도록 조심해 주세요.

아이는 자기 나름의 고민을 써서 부모에게 건넵니다. 그러고는 기대감을 가지고 부모의 답장을 기다렸다가 노트를 돌려받자마자 얼른 확인하죠. 그런데 하나부터 열까지 잔소리뿐이라면 얼마나 숨이 막힐까요? 마음 소통 노트가 '그건 네 생각이 틀린 거야' '절대 그렇게 행동하면 안 돼' '그렇게 하지 마' 등의 말로 가득 차 있다면, 아이는 두 번 다시 마음 소통 노트를 쓰지 않을 겁니다.

물론 부모 입장에서 아이에게 해주고 싶은 말이 많지요. 하지만 일단 아이가 마음의 문을 열고 양육자와 자주 소통하는 것이 가장 중요합니다. 아이의 고민이 무엇인지 아는 것만으로도 노트의 목적은 달성한 거니까요.

이렇게 마음 소통 노트를 아이와의 소통 공간으로 활용해 보세요. 부모가 먼저 소통의 자물쇠를 열어보세요. 부모가 아이에게 먼저 자신을 보이면 아이도 스스로 생각하고, 또 스스로 변화합니다. 부모가 '아빠 회사 가기 싫은데, 가지 말까?' 한다고, '예! 가지 마세요' 하는 아이는 의외로 없습니다. 아이는 걱정스러운 눈으로 부모를 바라보며, '왜요? 그래도 가야죠'라고 합니다. 마냥 떼쓰고 말을 안 들을 때도 많지만, 아이는 나름대로 옳고 그름을 판단하고 있습니다.

엄마가 다이어트를 시작한다면, 아이에게 일종의 음식 감시자 역할을 시켜보세요. 아마도 열량을 꼼꼼히 따져서 '이것은 먹지 마라' '채소를 많이 먹어라' 하며 신바람이 나서 이야기해 줄 거예요. 아빠가 술을 줄이기로 마음먹었다면 아이에게 모니터링을 부탁하세요. 건강 트레이너 역할을 자청하며, "아빠, 이번 주엔 벌써 두 번이나 술을 드셨어요. 이제 더 이상은 안 돼요" 하고 아빠를 챙길 거예요. 그러면서 아이는 하고 싶지만 참아야 하는 것들과 그 방법에 대해 매우 효과적으로 배우게 됩니다.

기억해 주세요. 잔소리로 아이를 바꿀 수 있다는 부모의 생각은 100퍼센트 착각이라는 사실을요.

### 마음 소통 노트 활용하기

- 마음 소통 노트는 양육자가 일방적으로 아이를 가르치는 도구가 아니랍니다.
- 양육자부터 먼저 자신의 감정과 상황을 진솔하게 적으세요. 그러면 아이도 마음을 열고 솔직하게 자신의 마음을 적을 거예요.
- 부모의 사소한 고민을 아이에게 상담하는 것은, 아이에게는 의미 있는 경험이 될 수 있어요.

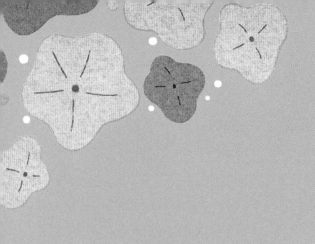

# 양육자의 감정 상태를
# 돌아보세요

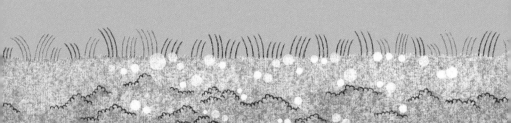

# · 3장 ·

새끼 오리는 알을 깨고 세상에 나와 처음으로 본 대상을 엄마로 인식하고 따라다니며 생존에 필요한 모든 것을 배웁니다. 물 위에서 헤엄치고, 먹이를 잡아먹고, 위험을 감지하고, 나는 법을 배우지요.

우리 아이도 마찬가지입니다. 하얀 도화지 같은 상태에서 아빠 엄마를 그대로 보고 배우지요. 특히나 감정을 다스리는 방법은 부모에게서 고스란히 배웁니다. 수학, 영어, 미술, 태권도는 학원에 가서 선생님에게 배우지만, 감정을 다스리는 법을 가르치는 학원은 따로 없으니까요.

그렇기에 아이의 감정 관리에 앞서 부모는 자신의 감정을 먼저 돌봐야 합니다. 무엇보다 감정 선생님이 되어줄 부모의 감정이 행복해야 아이가 행복할 수 있기도 하고요. 감정적으로 안정된 부모 밑에서 자란 아이들이 감정적으로 안정되기도 합니다. 그런데 아이러니한 건, 막상 부모들도 감정을 다스리는 법을 배운 적이 없다는 것입니다.

이 장에서는 부모 등 양육자가 어떻게 감정을 다스려야 하는지를 알려드립니다. 스스로 감정 상태를 확인해 보고, 나 자신과 아이의 감정을 현명하게 관리하는 방법을 함께 살펴봐요.

# 양육자의 감정은
# 아이에게 그대로 전염돼요

사람들은 부정적인 감정을 느낄 때 힘들어합니다. 화, 우울, 짜증, 불안, 긴장, 두려움 같은 감정들은 우리를 버겁게 하지요. 이런 감정들을 느끼면 죄책감에 사로잡히거나, 그런 감정을 느끼는 스스로를 못마땅하게 여깁니다.

그러나 사실 감정을, 느껴도 되는 좋은 감정과 느끼면 안 되는 나쁜 감정으로 구분할 수는 없습니다. 모든 감정은 다 이유가 있어 존재하기 때문입니다. 화, 짜증, 불안 등도 행복이나 기쁨, 즐거움, 만족 등과 마찬가지로 사람이라면 당연히 느껴야 하는 감정이라는 이야기지요.

그런데 아이들의 경우, 특히 부정적인 감정을 느낄 때 성인만큼 잘 대응하지 못해요. 아직 몸이 다 자라지 못한 아이들은 감정 역시 미성숙하니까요. 아이들은 힘든 감정을 느끼면 그 감정을 어떻게 다루어야 할지 몰라 매우 당황합니다.

세상에는 수학, 영어, 논술 등 다양한 과목을 가르치는 선생님이 있습니다. 꼭 이런 공부가 아니더라도 우리는 대개 전문가를 찾아가 무언가를 배웁니다. 악기를 배우기 위해 음악학원에 가고, 수영을 배우기 위해 수영장에 가는 것처럼요.

그런데 아무리 과거를 돌이켜 봐도, 좌절을 느끼거나 우울할 때 그 감정을 어떻게 다스려야 하는지를 배우기 위해 학원이나 학교를 다닌 기억은 없습니다. 그럼에도 대개의 사람들은 화가 났을 때 사용하는 감정 관리법 한두 가지 정도는 갖고 있지요. 누구는 심호흡을 하고, 누구는 음악을 듣는 것처럼요. 그런 방법은 어디서 배운 걸까요?

일차적으로 감정을 다스리는 방법을 가르쳐주는 사람은 바로 부모입니다. 물론 성장하면서, 또는 어른이 된 이후 책이나 다른 자료들을 보고 감정을 어떻게 다스리는지 배우기도 합니다. 하지만 대부분은 어린 시절의 경험으로 익힙니다.

물론 대부분의 부모가 감정을 다스리는 방법을 의도적으로 가르치지는 않습니다. 다만 아이는 어린 눈에 비친 부모의 모습을 보면서 힘들 때 어떻게 해야 하는지, 화가 날 때 어떤 행동을 취해야 하는지를 배우는 것이지요.

# 부모는 가장 좋은 감정 선생님입니다

결국 부모의 행동이나 감정 대처법이 아이에게 고스란히 영향을 미친다고 할 수 있는데요. 예를 들어볼까요?

감정을 푸는 가장 흔한 방법 중 하나는 술입니다. 쉬운 예로, 드라마를 보면 역경에 처하거나 사랑하는 사람이 떠나갔을 때, 또는 억울한 누명을 뒤집어썼을 때 주인공이 으레 찾는 곳은 바로 술집이나 포장마차입니다. 그러고는 여지없이 술잔을 기울이며 한탄하고, 때로는 울분을 터뜨리며 술에 취해서 괴로움을 이기지 못해 쓰러지죠. 그런데 이것은 드라마에서만 일어나는 이야기가 아닙니다.

과거 우리의 아버지들은 회사에서 속상한 일이 있으면 대개 집으로 곧장 오시지 않았습니다. 거나하게 술을 마시고 취한 상태가 되어 "지들이 잘났으면 얼마나 잘났어!"라며 한탄하곤 하셨죠. 술을 마시는 것이 바로 아버지가 감정을 추스르는 방법이었습니다.

한편 우리의 어머니들은 시댁에서 스트레스를 받는 명절 때나 아버지가 술을 마시고 늦게 귀가할 때, 또는 몸은 지치는데 집안일은 끝이 보이지 않을 때면 언성을 높이곤 하셨습니다. 손가락으로 옆구리를 찌르기만 해도 소리가 터져 나오는 것처럼, 화가 날 때마다 소리를 지르며 분을 참지 못하셨지요. 이런 부모의 모습을 보며 자란 아이들의 머릿속에는 어느덧 이런 교훈이 각인됩니다.

'힘들거나 화날 때는 술을 마시고 소리를 지르는 거야. 그러면 돼.'

그리고 아이들은 자라면서 부모와 똑같은 방법으로 감정을 풀기 시작합니다. 그 모습을 보며 부모는 걱정하지요.

'쟤는 누굴 닮아 저럴까? 왜 저렇게 과격할까?'

과연 누굴 닮은 걸까요? 아이 앞에서 평소 어떻게 감정을 풀어왔는지 한번 되돌아보세요.

극단적으로 말해서, 수학이나 영어, 피아노, 농구 등은 배우지 않아도 살아가는 데에 치명적인 영향을 미치지 않습니다. 비록 좋은 대학에 합격하거나 돈을 많이 벌지는 못하더라도, 하루하루를 사는 데에는 별 지장이 없어요.

그러나 감정을 다스리는 방법은 제대로 배우지 못하면 인생 전체가 완전히 망가질 수도 있습니다. 잠깐의 감정에 휩쓸려 유혹에 빠졌다가 오랜 시간 쌓아올린 것들을 눈 깜빡할 사이에 허물어뜨리기도 하지요. 한순간의 우울한 감정을 이기지 못해 목숨까지 잃을 수도 있고요. 때로는 화를 주체하지 못해 가족 전체의 비극을 초래하기도 합니다.

우리는 감정을 제대로 다스리지 못해 비극을 불러온 사건에 대한 뉴스를 종종 접합니다. 욱하는 감정으로 상대방에게 해서는 안 될 말을 하여 큰 싸움이 벌어진 사건, 부부 싸움을 하다가 홧김에 집에 불을 지른 사건, 우울함을 견디지 못해 자신뿐 아니라 죄 없는 자녀들의 목숨까지 끊어버린 사건 등, 모두 순간의 감정에서 비롯된 비극들이지요.

뉴스 속에 나오는 사람들이 딴 세상 사람처럼 느껴지겠지만, 사실 그들은 어제까지만 해도 우리 주위에서 평범하게 살아가던 사람이었습니다. 그저 한순간의 감정을 다스리지 못하고 휩쓸려 버린 것뿐이지요. 그 누구도 감정의 문제로부터, 그리고 이러한 비극적인 사건으로부터 안전하다고 단언할 수는 없습니다.

아이는 부모의 감정 습관을 그대로 닮습니다. 부모가 알지 못하는 사이에도 아이는 부모를 관찰하고 부모의 감정 관리 방법을 모방합니다. 그렇기 때문에 부모는 감정 관리의 좋은 모델이 되어야 합니다. 아이에게 감정을 다스리는 법을 강요하기보다는 부모가 먼저 솔선수범해서 감정을 올바르게 다스리는 행동을 보여주세요.

## 부부 싸움이 잦은 가정에서 싸움쟁이 아이가 자라요

요즘 부모에게 아이는 참 대단한 존재입니다. 가정에 자녀가 한두 명뿐이다 보니, 아이에 대한 관심과 투자도 엄청납니다. 가정에서 일어나는 모든 일은 아이를 중심으로 돌아갑니다. 집을 고를 때도 아이의 교육 환경부터 생각합니다. 아빠 엄마가 출퇴근하는 데 두세 시간이나 걸린다는 점은 중요한 고려 사항이 되지 못합니다. 외식을 한 번 하더라도 아이 건강에 좋고 아이 입맛에 맞는 곳으로 갑니다. 가족들이 텔레비전을 보는 시간도 아이 공부에 방해가 되지 않는 시간으로 맞추고, 수입에 대한 지출 계획을 짤 때에는 아이에게 들어갈 돈부터 떼어놓습니다.

그런데 그렇게 소중한 아이에게 아주 중요한 문제임에도, 많은 부모가 간과하고 있는 부분이 있어요. 바로 부부 사이의 관계입니다.

많은 부모들이 부부 사이의 관계가 아이의 감정에 직접적으로 큰 영향을 미친다는 것은 생각하지 못하고, 부모 자식 사이에만 문제가 없으면 된다고 생각합니다. 그러나 한 가족이라는 울타리에 살고 있는 아빠, 엄마, 아이의 관계는 서로 긴밀하게 얽혀있습니다. 아빠와 아이, 엄마와 아이 사이만 좋다고 해서 아이에게 문제가 없는 건 아니라는 이야기죠.

어떤 엄마는 남편과 큰소리로 부부 싸움을 한 후, 울면서 아이를 잡고 이렇게 말합니다.

"엄마는 다 필요 없어. 너만 있으면 돼."

남편에게서 느낀 서운함과 울분을 아이에게서 위로받고 싶은 마음이 있는 건데요. 실제로 엄마에게 아이는 충분한 위로의 대상이 되기도 합니다. 하지만 아이의 입장에서는 어떨까요? 아이는 엄마의 표정을 보고 하소연을 들으며 어떤 생각을 할까요? '맞아요, 엄마. 아빠는 필요 없어요. 우리끼리 행복하게 살아요.'라고 생각할까요?

사실 부부 싸움을 심하게 하고 난 후에는 배우자가 세상에서 제일 밉습니다. 다른 사람은 용서할 수 있어도 배우자가 내게 주었던 상처만큼은 죽을 때까지 잊지 않으리라 다짐하지요. 하지만 아이 입장에서는 다릅니다. 부부 싸움을 한 순간, 남편이나 아내는 서로가 세상에서 가장 밉지만, 아이에게는 여전히 세상에 단 하나뿐인 아빠이고 엄마거든요. 그런데 그런 아빠와 엄마가 서로 싸우고 흉을 보기도 하니 아이는 얼마나 불안할까요?

아빠는 "네 엄마는 어쩌면 저렇게 독하냐?"라고 말하고, 엄마는 "아빠라고 부르지도 마. 무슨 아빠가 주중이고 주말이고 할 것 없이 밤낮 술을 먹고 들어오냐?"라고 말합니다. 물론 남편도 아내도 정말 다시는 안 보겠다는 원한을 가지고 아이에게 이런 푸념을 늘어놓는 건 아닙니다. 그저 순간적인 화풀이 겸 넋두리를 하는 것뿐이죠.

그러나 아이는 이런 말을 들으면 마음이 무거워집니다. 부모가 단지 푸념만 하는 건지, 지금 당장이라도 헤어져 따로 살겠다는 건지 혼란스럽기만 해요. 아직 감정적으로 많이 미숙한 아이는 '이러다 혹시 우리 아빠 엄마가 이혼하는 건 아닐까?' 하는 막연한 두려움에 빠집니다. 더욱이 엄마를 흉보는 말이나 아빠에 대한 욕을 듣게 될 경우, 아이는 죄책감까지 느끼게 됩니다. 마치 아빠나 엄마와 공범이 된 것처럼 느끼며 힘들어해요.

그러니 아이가 보는 앞에서 서로 싸우지 마세요. 눈앞에서 싸우는 아빠 엄마의 모습을 자주 본 아이에게는 마음의 상처가 많이 남습니다. 그 충격은 부모들이 생각하는 것보다 훨씬 큽니다. 조금 큰소리가 나거나 가볍게 밀치는 행동을 보는 것만으로도, 아이는 가족이 서로를 그런 식으로 대할 수 있다는 사실에 충격을 받습니다.

그리고 그 충격은 쉽게 사라지지 않고 머릿속에 각인되어 있다가, 비슷한 상황이 닥쳤을 때 똑같은 행동으로 표출됩니다. 그래서 부부 싸움에 많이 노출된 아이들은 과격하고 폭력적일 때가 많아요. 결국 부모 자신이 아이를 쉽게 흥분하고 화가 나면 바로 덤비는 싸움쟁이로 만드는 셈입니다.

아이는 정원에서 자라는 나무와 같습니다. 나무가 무럭무럭 건강하게 자라려면, 공기도 맑아야 하고 땅도 기름져야 하고 수분도 잘 공급되어야 합니다. 마찬가지로 아이가 건강하고 행복하게 자라려면, 가정 안에서 감정 소통이 원활해야 하며 소통 방식은 따뜻해야 합니다. 자신을 낳아준 부모가 원만하게 감정을 교류하는 모습을 보며 자란 아이가 친구나 부모, 선생님, 친척, 나아가 사회에서 만난 직장 동료나 상사와도 원만하게 감정 소통을 할 수 있습니다.

**아이의 감정 교육을 위해 이런 모습은 보이지 마세요**

· 힘들다고 소리를 지르거나 술을 마시지 마세요.
· 부모가 싸우며 서로 험담하는 모습을 아이에게 보이는 건 금물입니다.
· 나중에 성인이 됐을 때, 아이는 부모의 부정적인 행동들을 따라 할 확률이 매우 높아요.

# 화가 날 때 행동 방식 점검
# 양육자 vs. 아이

내 아이와의
감정 소통

화가 날 때 어떻게 반응하고 푸는지 양육자와 아이 모두 점검해 보세요.

| 우리 아이는 화가 날 때, 어떤 행동을 보이나요? | 양육자인 나는 화가 날 때, 어떤 행동을 보이나요? |
|---|---|
| ☐ 소리를 지른다. | ☐ 소리를 지른다. |
| ☐ 주먹을 쥐고 발을 쿵쿵 구른다. | ☐ 주먹을 쥐고 발을 쿵쿵 구른다. |
| ☐ 머리를 쥐어뜯거나 자신의 가슴을 때린다. | ☐ 머리를 쥐어뜯거나 자학한다. |
| ☐ 말을 시켜도 대답하지 않는다. | ☐ 말을 시켜도 대답하지 않는다. |
| ☐ 장난감 등을 집어던진다. | ☐ 리모컨 등 눈앞의 물건을 집어던진다. |
| ☐ 문을 꽝 닫고 방에 들어간다. | ☐ 문을 꽝 닫고 방에 들어간다. |
| ☐ 얼굴이 빨개지며, 숨을 씩씩댄다. | ☐ 얼굴이 빨개지며, 숨을 씩씩댄다. |
| ☐ 울음을 터뜨린다. | ☐ 울음을 터뜨린다. |

- 아이와 양육자가 화를 내는 행동에서 비슷하게 나온 항목이 몇 개인가요? 어떤 유사점이 있나요?

| 우리 아이는 화가 날 때, 주로 어떻게 푸나요? | 양육자인 나는 화가 날 때, 주로 어떻게 푸나요? |
|---|---|
| ☐ 폭식한다. | ☐ 폭식/폭음한다. |
| ☐ 좋아하는 물건을 사달라고 떼쓴다. | ☐ 온라인쇼핑을 하거나 마트에 가서 물건을 산다. |
| ☐ 게임이나 인터넷을 한다. | ☐ 게임/인터넷을 하거나 유튜브를 본다. |
| ☐ 자신이 좋아하는 장소에 숨는다. | ☐ 자신이 좋아하는 장소로 간다. |
| ☐ 친구들을 만나서 놀이를 한다. | ☐ 사람들을 만나서 식사한다. |
| ☐ 운동한다. | ☐ 걷거나 산책/운동한다. |
| ☐ 밖으로 뛰쳐나간다. | ☐ 밖으로 뛰쳐나간다. |
| ☐ 혼자 방에서 음악을 듣거나 책을 읽는다. | ☐ 혼자 방에서 음악을 듣거나 책을 읽는다. |
| ☐ 잠을 잔다. | ☐ 잠을 잔다. |

- 아이와 양육자가 화를 푸는 방법에서 비슷하게 나온 항목이 몇 개인가요? 어떤 유사점이 있나요?

# 감정을 솔직하게
# 공유해야 하는 이유

아이들에게 "아빠 엄마에게도 너처럼 아이였던 시절이 있었어"라는 이야기를 해주면 아이들은 "에이, 정말?" 하며 갸우뚱합니다. 아이는 지금 자신이 보고 있는 어른의 모습으로만 부모를 생각하기 때문에 부모에게도 어린 시절이 있었다는 것을 잘 상상하지 못하기 때문입니다.

아빠 엄마가 부모님의 지갑에서 동전을 훔쳐다가 과자를 사먹었다거나, 달리기를 하다가 넘어져 피가 나서 울었다는 이야기를 해주면 나름대로 재미있어합니다. 흥미로워하지요. 대부분의 아이들은 부모가 모든 것을 알고 있고 좀처럼 실수하지 않는 어른이라고만 생각하기 때문입니다.

　하지만 아이는 부모에게도 어린 시절이 있다는 걸 알게 된 후에도, 여전히 부모에 대한 환상을 버리지 못합니다. 그저 부모는 뭐든지 잘 참고 잘해내는 사람이라고 여기지요. 그래서 아무리 먹고 싶어도 맛있는 음식은 자녀인 자신들에게 먼저 먹여줄 거라 생각하고, 울고 싶어도 눈물을 보이지 않을 거라 여기며, 무거운 짐을 양손 가득 들어도 힘들지 않을 거라고 생각합니다.

　하지만 이미 다 알고 있듯이, 이 모든 것들은 착각입니다. 왜냐하면 부모는 누군가의 부모이기 전에 인간이기 때문입니다. 그것도 그냥 인간이 아니라 '감정'을 가진 인간이죠. 다만 부모이기 때문에 참으면서 밖으로 표현하지 않았을 뿐입니다. 그저 견딜 뿐이지, 표현하지 않는다고 해서 감정이 없는 건 아니죠. 그러나 아이들은 부모의 마음속에도 자신처럼 다양한 감정들이 있다는 사실을 까맣게 모릅니다.

　물론 이런 착각이 아이의 잘못만은 아닙니다. '나는 부모니까!'라며 아이 앞에서 많은 것들을 포기해 온 부모들이 원인을 제공한 부분도 있습니다. 이미 충분히 잘해내고 있으면서도 더 절제하지 못하고 더 참아주지 못한 것에 대해 자책하기도 합니다. 부모니까 받아줘야 한다는 생각에 자기 감정은 꾹꾹 눌러 담으며 모든 걸 아이에게 맞추지요.

　그런데 자꾸 그렇게 누르다 보면 어느새 부모는 지치게 됩니다. 그리고 그에 따른 행동이 나타납니다. 사람이 지쳤을 때 나타나는 감정적 증상에는 여러 가지가 있는데, 첫 번째는 짜증입니다. 사소한 일에도 자꾸 욱하게 되고 짜증이 난다면, 그건 현재 감정적으로 지쳐있다는 신호입니다.

비록 아이가 정신적으로나 육체적으로 미성숙하다 하더라도, 부모는 자신의 감정을 아이에게 어느 정도 표현해야 합니다. 아무리 부모 자식 간이라 하더라도 일방적인 관계는 건강하지 않기 때문이지요. 부모가 자기 감정을 털어놓지 않으면서 아이에게만 "네 감정을 말해 봐"라고 하는 건 억지입니다. 부모가 먼저 행동으로 보여줘야 아이도 감정을 표현하는 방법을 보고 따라 합니다.

대한민국 부모들은 아이에게 슈퍼맨처럼 보이려는 경향이 특히 강하죠. 반면 미국이나 서구권의 영화나 드라마에서는 부모와 자녀가 친구처럼 지내는 모습을 많이 볼 수 있습니다. 예를 들어, 서양의 아버지들은 우리 정서로는 이해가 되지 않을 만큼 자기 감정을 솔직하게 자녀에게 밝힙니다. 그리고 자녀는 아버지가 어떠한 일에도 쓰러지지 않는 '히어로'가 아니라는 걸 알게 됩니다. 때로는 회사에서 상사에게 깨지기도 하고, 고객과 말다툼을 벌이기도 하며, 때로는 억울해하고 눈물도 흘리는 '인간'이라는 점을요.

그런데 우리 아버지들은 자녀에게 강한 모습만을 보여주려 합니다. 넘어져도 다치지 않고 무거운 짐도 번쩍 드는 힘센 아버지, 이 사회에서 잘나가는 존재로만 보이길 바랍니다.

어머니의 상황도 별반 다르지는 않습니다. 가족들을 보살피면서도 귀찮은 티를 내지 말아야 하며, 몸이 아파도 자녀를 우선적으로 챙기는 헌신적인 모성애를 보여야 한다고 생각하지요.

몸이 부서지고 마음이 힘들어도 아이들 앞에서는 아무렇지 않은 척 행동했던 옛날 우리 부모님들이 그러셨듯이, 그 모습을 보며 자란 지금의 부모 세대들도 부모 역할에 대해 이 같은 잘못된 환상을 가지고 있습니다.

그런데 부모가 그렇게까지 해주었음에도 아이들은 부모에게 고마워하거나 존경심을 보이지 않는 경우도 있습니다. 오히려 우리 아이들은 부모를 힘든 일도, 어려운 일도 없는 AI 같은 존재로 인식합니다. 생각나는 대로 막말을 해도 부모는 상처받지 않는다고 생각합니다. 왜냐하면 지금까지 한 번도 속상한 감정을 자신들에게 표현하지 않았으니 감정이 없는 게 분명하거든요. 또 엄마가 시장에서 구입한 과일과 채소를 양손 가득 들고 있는 모습을 보면서도 도와주려 하지 않아요. 엄마는 항상 "괜찮아. 엄마가 할게"라고 말해왔으니까요.

아이들이 크면 부모의 수고로움을 이해할 거라 생각하지만, 오히려 그때가 되면 생각이 굳어져 바뀌기 힘듭니다. 아무리 "이젠 너도 컸으니 부모를 도와라"라고 이야기해도 들은 척 만 척입니다. 그렇다고 해도 잘못이 아이에게만 있는 것은 아닙니다. 아이들을 키우면서 '그렇게 해도 괜찮아. 부모는 상처받지 않아'라고 가르쳐 온 부모에게서 문제가 시작된 거니까요.

## 부모도 힘들 때가 있다는 걸 알 때 아이가 더 다가와요

평소에 알고 지내던 교수님이 해주신 이야기입니다. 교수님은 자녀들이 게임에만 빠져 지내며 공부에 흥미를 잃어가는 것이 걱정이었습니다. 그래서 어느 날, 아이들이 더 이상 게임을 하지 못하도록 컴퓨터를 없애버리기로 결심하고 컴퓨터를 차 트렁크로 옮기려 했습니다. 그런데 예전에는 무거운 짐도 거뜬하게 들던 교수님이 컴퓨터 본체를 들고는 비틀거리며 걷게 되었다네요. 나이가 들면서 아무래도 체력이 예전과 달라진 거죠.

그 모습을 본 아이들의 표정이 확 바뀌더랍니다. 언제까지고 든든하게 지켜줄 줄 알았던 아버지가 어느새 컴퓨터를 들기에도 벅찰 만큼 나이가 들었다는 걸 갑자기 깨달은 것이지요. 그 후 아이들이 놀랄 만큼 의젓해졌다며 교수님은 신기해하셨습니다.

강한 아버지의 모습을 보여야만 존경을 받는 것은 아닙니다. 항상 헌신적인 어머니의 모습만을 보이는 것이 최선은 아니고요. 무엇이든 솔직하고 자연스러운 게 최고입니다. 부모는 부모이기 전에 인간이라는 걸 기억하세요.

아이를 낳아서 잘 키우고 싶은 마음이야 어느 부모나 같지요. 그렇다고 해서 인간 본연의 감정을 포기해야 하는 건 아닙니다. 부모라고 해서 좋고 싫은 감정이 없을까요? 천만에요! 맛있어 보이는 음식이 눈앞에 있으면 먹고 싶은 게 당연하지요. 몸이 아파 천근만근인데, 학교에서 돌아온 아이가 "엄마, 밥 줘" 한다고 힘이 번쩍 솟아날까요? 인간으로서 갖게 되는 여러 감정이 든다고 해서 부족한 부모나 양육자가 되는 건 아니랍니다.

부모가 의외로 약한 모습을 보일 때, 부모도 힘들 때가 있고 주저앉고 싶을 때가 있다는 걸 깨달을 때, 아이는 부모에게 더 가까이 다가옵니다. 감정을 공유하고 서로가 힘들 때 위로할 수 있는 가장 가까운 존재가 바로 가족이라는 것을 아이에게 직접 가르쳐주세요.

### 아이에게 이렇게 다가가 보세요

- 엄마, 아빠의 재미있었던 에피소드를 들려주세요. 아이는 부모에게도 자신과 똑같은 아이 시절이 있었다는 것을 통해 공감대를 느낍니다.
- 회사나 모임, 지인 사이에서 있었던 속상한 이야기를 나눠보세요. 늘 완벽하게만 보이려는 틀에서 벗어나, 힘들고 상처받은 감정을 공유하면 아이가 부모를 훨씬 가깝게 느낍니다.

# 좋은 감정 선생님이 되기 위한
# 부모 10계명

1. 아이에게 조금 더 솔직해지세요.

2. 부모에 대한 정보(좋아하는 음식이나 장소, 무겁지 않은 고민 등)를 아이와 공유하세요.

3. "나는 항상 네 편이야"라는 말을 자주 해주세요.

4. 본인의 속상한 일 때문에 아이에게 화풀이하지 마세요.

5. 대화할 때 소리를 지르지 마세요. 언성을 높이지 않아도 얼마든지 대화할 수 있답니다.

6. 말투는 부드럽게, 말하는 톤은 조용하고 낮게 유지하세요. 그럴수록 아이가 대화에 더 집중합니다.

7. 아이의 말을 중간에 자르지 말고 끝까지 들어주세요.

8. 부모도 힘들 땐, 힘들다고 말해주세요.

9. 가족이 서로의 감정과 생각을 나눌 수 있는 공식적인 시간을 만들어보세요. 시간이 길 필요는 없어요. 예를 들어, 잠자기 전 다 같이 침대에 나란히 누워 도란도란 이야기를 나누어도 좋습니다.

10. 자주 안아주세요. 자주 뽀뽀해 주세요. 스킨십은 아이의 마음을 안정시키는 가장 좋은 비결이랍니다.

# 양육자의 감정 기질을
# 점검해 보세요

"나는 어떤 성격을 가진 사람일까?" 사람들은 자신의 성격이 어떤지에 대해 대개 관심이 많습니다. 그래서 예전에는 혈액형을 가지고 성격을 분류하기도 했는데요. 최근 들어서는 대중적으로 많이 알려진 MBTI뿐 아니라 인터넷에서 쉽게 해볼 수 있는 여러 가지 검사 결과를 가지고 성격을 나누기도 합니다. 사람들은 본인뿐 아니라 타인이 어떤 성격을 가졌는지에 대해서도 큰 흥미를 느끼고요.

하지만 막상, 본인이 어떤 감정 기질을 가진 사람인지에 대해서는 생각하는 경우가 드물어요. 감정 기질은 자신이 처한 상황이나 문제에 대해 어떻게 정서적으로 반응하는지에 대한 스타일입니다. 성격이나 성향 중에서, 특히 감정과 관련하여 사람마다 가진 구체적인 감정 반응 스타일이라고 보면 되지요.

사람에 따라 감정적 기질도 당연히 제각각입니다. 똑같은 상황에 놓이더라도 각자 반응하는 모습도 다르고요. 가족이나 주변 사람들을 떠올려보면 쉽게 이해가 되실 거예요. 예를 들면, 가족들 중 누구는, 다른 사람에 비해 상대적으로 화를 더 자주 냅니다. 객관적으로 볼 때 화를 낼 만한 일이 아닌데, 사소한 일에도 욱하곤 하지요. 또 누군가는 남들보다 스트레스를 더 많이 받아요. 일상생활에서 난처한 일이 생기면 예민해지며 못 견뎌 합니다. 이 같은 감정 기질에 따라 당면한 상황에서 문제를 어떻게 바라보고 대응하느냐도 달라집니다.

그래서 우선, 양육자 본인이 스스로 어떤 감정 기질을 가지고 있는지를 정확히 아는 것이 중요합니다. 양육자 본인이 낙관적 기질이 강하고 상냥함이 많다는 걸 스스로 알면, 아이를 훈육할 때 의도적으로 단호한 모습을 더 보이려고 노력할 수 있습니다. 반대로, 걱정이 많고 부정적인 감정에 치우치는 성향이 강하다면, 아이에게 조금 더 너그럽고 의연하게 대하도록 신경 쓸 수 있지요.

물론, 오로지 아이의 양육만을 위해 자신의 감정 기질을 알아야 하는 건 아닙니다. 감정 기질을 알고 나면, 스스로를 이해하는 폭이 훨씬 더 넓어집니다. 일상생활에서 내가 왜 그런 행동을 했는지를 깨닫고 감정을 현명하게 조절하는 데에도 큰 도움이 되지요.

지금부터 함께할 진단지는, 예일대학교 심리학자인 피터 샐러베이 교수와 데이비드 카루소 박사가 개발한 것인데요. 제가 이분들의 저서인《하트스토밍 *The Emotionally Intelligent Manager*》을 번역한 역서에 실려있습니다.

각 항목에 답하실 때는, 편안한 마음으로 솔직하게 답변하시면 됩니다. 옳고 그른 기준이 있는 것이 아니라, 내가 가진 감정 기질을 확인하기 위한 것이니까요. 그럼 지금부터 양육자의 감정 기질을 본격적으로 알아볼까요?

### 양육자의 감정 기질 진단

각각의 세트Set에서 주어진 질문에 대해, 응답란에 'Y(Yes)' 또는 'N(No)'으로 대답하면 됩니다.

| SET | 질문 | 응답 (Y/N) | KEY | 계산 점수 (0/1) | 나의 점수 | 감정 기질 | 진단 해석 |
|---|---|---|---|---|---|---|---|
| | 나는 평소 심정이 복잡하다. | Y | | | | | |
| | 나는 자주 긴장하거나 불안해하곤 한다. | Y | | | | | |
| SET 1 | 나는 대부분 평온하며 마음이 안정되어 있다. | N | | | | | |
| | 많은 일들에 대해 걱정하는 편이다. | Y | | | | | |
| | 나는 예민하다. | Y | | | | | |
| | 나는 앞으로 일어날 일들에 대해 별로 걱정하지 않는다. | N | | | | | |

| SET | | Y/N |
|---|---|---|
| SET 2 | 나는 종종 슬픔과 좌절감을 느낀다. | Y |
| | 자주 낙담하는 편이다. | Y |
| | 나는 우울해하거나 좌절하는 경우가 거의 없다. | N |
| | 나는 심하게 우울할 때가 있다. | Y |
| | 나는 좀 변덕스러운 편이다. | Y |
| | 나는 평소에 긍정적이고 행복함을 자주 느낀다. | N |
| SET 3 | 어떤 사람들은 나를 매우 귀찮게 하곤 한다. | Y |
| | 나는 참을성이 없는 편이다. | Y |
| | 나는 쉽게 좌절한다. | Y |
| | 나는 사람들을 잘 포용한다. | N |
| | 나는 곧잘 화가 나거나 좌절한다. | Y |
| | 나는 즉각 화를 내지 않는다. | N |
| SET 4 | 나는 사람들과 쉽게 잘 어울리는 편이다. | Y |
| | 나는 사람들과 종종 어울린다. | Y |
| | 나는 매우 경쟁적인 성향이다. | N |
| | 나는 팀플레이를 잘하지 못한다. | N |
| | 나는 강압적인 성향의 사람은 아니다. | Y |
| | 나는 내가 가진 것들을 다른 사람과 나누는 것을 좋아한다. | Y |
| SET 5 | 나는 내가 성공할 거라고 믿는다. | Y |
| | 나는 평소에 사물을 긍정적으로 바라본다. | Y |
| | 나 자신에 대한 나의 기대 수준은 낮은 편이다. | N |
| | 모든 일은 더 좋은 방향으로 진행된다고 생각한다. | Y |

| | | |
|---|---|---|
| | 인생에는 극복하기에 너무 많은 장애물들이 있다. | N |
| | 나는 주로 긍정적인 면을 바라본다. | Y |
| SET 6 | 나는 일반적으로 사람들을 신뢰한다. | Y |
| | 다른 사람들이 의심스러운 점을 보여도, 가능하면 좋게 해석한다. | Y |
| | 사람들은 기본적으로 신뢰할 만하다고 생각한다. | Y |
| | 사람들을 신뢰하는 건 좋은 생각이 아닌 것 같다. | N |
| | 사람들은 기본적으로 정직하다. | Y |
| | 조심하지 않으면 사람들은 나를 이용할 것이다. | N |
| SET 7 | 나는 스트레스에 잘 대처한다. | N |
| | 스트레스를 심하게 받을 때는 모든 일이 실패할 것처럼 느껴진다. | Y |
| | 인생은 때때로 나를 압도한다. | Y |
| | 내가 지나치게 많은 짐을 지고 있다고 느낄 때가 있다. | Y |
| | 나는 스트레스 관리를 잘하는 편이다. | N |
| | 때때로 스트레스에 완전히 압도당하는 느낌이 들 때가 있다. | Y |

주어진 문항에 각각 'Y(Yes)' 또는 'N(No)'으로 답을 적으셨다면, 이제 점수를 계산해 볼게요. 점수 계산은 표의 'KEY'란을 참고하시면 되는데요. KEY는 나의 감정 기질을 찾아내기 위한 일종의 열쇠 같은 역할을 합니다. 그럼, KEY를 활용해서 점수를 계산하는 예를 들어볼게요. 만약 열쇠가 N으로 되어있는 질문에 내가 'Y(Yes)'로 답했다면 나의 점수는 0이 됩니다. 반대로, 열쇠가 Y로 되어있는 질문에 내가 'Y(Yes)'로 대답했다면, 1점을 얻게 되는 거지요. 아래의 표에 따라 일

단 각 질문별로 점수를 다시 한번 적어주세요.

| 응답 | KEY | 점수 |
|---|---|---|
| Y(Yes) | Y | 1 |
| Y(Yes) | N | 0 |
| N(No) | N | 1 |
| N(No) | Y | 0 |

진단 잘 마치셨나요? 이제부터 각 세트의 의미와 점수들에 대해 하나씩 설명해 드릴게요. 질문의 각 세트들은 구체적인 감정의 종류와 관련이 있습니다. 내가 평소 어떤 감정들을 자주 느끼며 살아가고 어떻게 세상을 경험하는지에 대한 부분이지요.

우선, 세트 1은 불안함에 대한 진단입니다. 점수가 0~3점 사이로 나온 경우에는 평소 불안함을 자주 느끼지 않는다는 겁니다. 반면, 4점 이상으로 나왔다면 일상생활에서 불안함의 강도가 꽤 높다고 볼 수 있어요.

물론, 불안은 삶에서 긍적적인 역할을 담당할 때가 있지요. 우리로 하여금 위험이 있는지를 살피고 미리 계획을 세우도록 만드니까요. 하지만 불안함이 너무 강해지면 사람을 마비시켜 버립니다. 무슨 일이 벌어질지도 모른다는 생각에 집중한 나머지, 정신적·육체적 에너지를 모두 소모하게 되니까요. 언제나 경계 태세를 갖추고 있다면 사람은 쉽게 지치거든요. 또한, 주변 사람들은 내가 예민하며 조바심을 낸다고 생각할 거예요. 이 점수가 높게 나왔다면, 지나친 불안함을 느끼지 않도록 긴장감을 해소하는 연습이 필요합니다.

세트 2는 우울함에 대한 진단인데요. 점수가 0~3점 사이라면, 상실과 슬픔의 신호를 차단시켜 버린다는 의미입니다. 사람은 누구나 우울할 때가 있고 침체될 때도 있지요. 그런데 이런 감정들을 느끼는 것 자체를 불편하게 생각하는 분들이 있답니다. 본인뿐 아니라 타인의 우울함도 잘 인정하지 않아요. 반면, 4점 이상으로 나왔다면, 우울함을 느낄 때 그 감정에 몰입하거나 주변에 표현하는 기질에 속합니다. 이때 주변 사람들에게 이야기하고 위로를 받거나 기분전환을 하는 건 좋은 방법입니다. 하지만 과하게 드러낼 경우 아이나 가족 등에게 감정을 전염시키거나 부담이 될 수 있어요. 조절이 필요합니다.

세트 3은 화에 대한 진단입니다. 0~3점 사이라면, 평소 화를 잘 내지 않는 편에 속합니다. 이때 고려하실 점은, 화를 내지 않는다고 해서 아예 화가 나지 않는 건 아니라는 거예요. 화, 짜증, 성가심, 격분 등의 감정들이 나쁜 감정이라는 인식을 가졌을 확률이 높아요. 그래서 이런 감정을 느꼈을 때 아예 차단을 시키는 거죠. 반면 4점 이상으로 점수가 높다면, 부당하다고 생각되는 것을 잘 못 참는 감정 기질을 갖고 있어요. 잘못된 걸 보면 화가 강렬하게 나면서 바로잡고 싶어 하지요. 순간적으로 치솟는 화가 무분별하게 분출되지 않도록 특히 조심하셔야 합니다. 본인은 타인에 비해 화를 잘 내는 성향이라는 걸 꼭 기억하시고요.

세트 4는 상냥함과 관련이 있어요. 점수가 낮을수록 상냥함과는 조금 거리가 먼 기질인데요. 대개 상냥함의 반대 기질을 경쟁심으로 봅니다. 타인의 실수를 찾아내고 그걸 직설적으로 표현하는 편이지요. 경쟁적이고 공격적이며 어떤 비용을 치르더라도 승리하려는 욕구도 강하고요. 반면 점수가 4점 이상이라면, 다른 사람을 쉽게 용서하며, 남들과 함께하는 걸 좋아합니다. 타인과 결과물을 나누는 것을 선호하며, 사람들 간 갈등이 발생하는 것을 못 견뎌 하지요. 그래서 자신이 좀 속상하더라도 간접적으로 에둘러 표현하거나, 아예 언급 자체를 하지 않을 때가 많아요.

세트 5는 낙관성에 대한 부분입니다. 점수가 낮을수록 부정적인 감정에 치우칩니다. 인간은 살아가면서 필연적으로 다양한 장애물들을 만나게 되는데요. 이러한 장애물에 부딪혔을 때, 부정적인 렌즈를 통해 상황을 바라보는 거지요. 낙관성이 낮은 편에 속한다면, 어떠한 상황이나 상대방을 마주했을 때 의도적으로 희망적인 측면들을 찾아내고 글로 정리해 보세요. 물론, 긍정적인 측면들이 쉽게 찾아지지는 않을 거예요. 하지만 노력해서 찾아내는 연습을 하셔야 합니다. 반면, 점수가 4점 이상이라면, 긍정적인 감정에 집중하는 기질이 강합니다. "결국 난 잘될 거야"라든가 "난 행복하게 살아갈 거야" 등 현재와 미래를 긍정적으로 생각합니다.

세트 6은 신뢰에 대한 진단이었는데요. 점수가 낮을수록 사람에 대한 믿음이 낮은 편입니다. 평소 "사람은 믿을 바가 못 돼" 등의 말들을 자주 하기도 합니다. 언제든 다른 사람으로 인해 상처를 입거나 배신

당할 수 있다는 경계심을 느끼고요. 다소 냉소적인 기질이 강합니다. 반면, 결과가 4점 이상이라면 기본적으로 인간을 선하게 바라보고 있어요. 사람은 근본적으로 착하기 때문에 의도적으로 나쁜 행동을 하지 않는다고 믿고요. 만약 부정적인 상황이 벌어졌다면, 그건 그 사람이 실수한 거라고 생각합니다. 이러한 경우, 때로는 지나치게 순진하고 잘 속는 사람으로 인식될 수 있습니다. 다른 사람의 말을 액면 그대로 받아들이기 때문에, 이용당할 확률도 있고요.

마지막으로 세트 7은 스트레스 진단이었는데요. 점수가 낮다면, 스트레스에 그다지 취약하지 않습니다. "그런 일이 벌어질 수도 있지"라며, 모든 것을 일어날 수 있는 일로 받아들이니까요. 담대하게 스트레스 상황을 수용하고 적절히 해소시키는 기질입니다. 반대로, 점수가 높다면, 스트레스 상황에 집착하며 예민한 편에 속하는데요. 사소한 일에도 바로 좌절하거나 문제 상황에 압도당하는 경우가 많아요. 부정적인 감정들을 과장해서 받아들이기도 하고요. 당면한 상황에 너무 몰입해서 휘둘린다는 생각이 든다면 마음을 잠깐씩 환기시켜 주세요. 산책하기, 책 읽기, 목욕하기 등은 환기를 위한 좋은 방법입니다.

지금까지 감정 기질에 대해 살펴보았는데요. 앞서 설명드린 것처럼, 감정 기질을 알면 주변을 돌아보고 나 자신을 보살피는 데에 큰 도움이 된답니다. 그리고 아이를 기를 때 나의 기질을 상황에 맞게 유연하게 조절해야 한다는 것도 깨닫게 되고요. 자신의 감정 상태와 기질을 알면 현명한 양육도 가능해지는 것이지요.

# 감정을 소중히 다루는
# 본보기가 되어줘요

부모와 아이의 진정한 감정 소통은 미안할 때 미안하다고 말하고, 고마울 때 고맙다고 말하는 것에서부터 시작됩니다. 부모가 감정 표현을 거의 하지 않는 분위기의 가정에서 자란 아이들은 어떠한 감정을 느껴도 다른 사람에게 제대로 표현하지 못해요. 이런 아이들은 감정적으로 억눌리게 될 확률이 높습니다. 싫으면 싫다고, 좋으면 좋다고 표현해야 하는데 그걸 못하니 감정이 자꾸 마음속에 쌓입니다. 이런 상황이 지속되면, 지나치게 내성적이거나 폐쇄적인 성격으로 변하게 됩니다. 다른 사람과 감정을 나누거나 공감하는 데 서툴러 인간관계에도 문제가 생기지요.

자기 마음을 표현하지 않는 이에게 마음을 내줄 사람은 없습니다. 다른 사람과 감정을 주고받지 못한다면 친구를 사귀거나 누군가의 마음을 얻는 것은 불가능합니다.

## 작은 말 한마디가 감정 소통의 시작

감정을 표현하는 데에 특별한 스킬이나 거창한 기술이 필요한 건 아닙니다. 감정을 표현하고 소통하는 방법은 양육자가 일상생활 속에서 얼마든지 가르칠 수 있습니다.

좋은 방법 중 한 가지는 아이에게 자주 말을 거는 거예요. 주변을 둘러보면, 신기하게도 매일 보는 가족들끼리 인사를 더 안 하는 경우가 많습니다. 굳이 인사를 하지 않아도 되는 사이라고 생각하기 때문이지요. 집 밖에서 잘 모르는 사람들과는 살갑게 인사하면서도 집에 돌아오면 기본적인 인사도 하지 않는 경우가 꽤 있어요. 하지만 매일 보는 가까운 가족일수록 더 따뜻하고 자상하게 말을 건네야 합니다. 인사는 상대방과 마음의 끈을 연결하는 가장 기본적인 소통법이니까요. "잘 잤어?" "잘 다녀왔어?" "점심 먹었니?" 등은 아주 간단한 인사이지만, 대화의 좋은 시작이 됩니다.

아이가 학교에서 돌아오면, "우리 영준이 학교 잘 다녀왔어?" 하고 인사해 주세요. 이때 따뜻하게 안아주거나 등을 두드려주면 더욱 좋습니다. 집에 들어올 때 가족에게 환영받는 느낌이 얼마나 좋은지 누구나 알고 있지요. 그러니 현관문을 들어서는 아이에게, "왜 이렇게 늦었어?" "친구들이랑 뭐 사먹고 왔지!" "학원 늦었잖아!" 등의 말을 먼저 하지 마세요. 학교에 가서 몇 시간 동안 부모와 떨어져 있다가 오는 아이를 추궁이나 면박으로 맞이하는 건 슬픈 일이잖아요. 그러니 일단 따뜻하게 맞아주세요. 무심코 던진 말 한마디에 아이가 말문을 닫아버리는 경우가 의외로 많답니다. 아이의 마음의 문이 열리느냐 닫히느냐는 부모의 말 한마디에 달려있습니다.

아이는 어른의 행동을 모방합니다. 부모가 아이에게 따뜻한 대화로 마음을 전하면 아이 역시 자신의 마음을 똑같이 전합니다. 이것이 감정 소통의 룰이지요. 학교에서 돌아올 때 반갑게 맞이하는 부모 밑에서 자란 아이는 그 역시 누군가를 반갑게 맞이할 줄 알게 됩니다. 밖에 나갔다가 돌아온 부모에게 "아빠 엄마, 안녕히 다녀오셨어요?" 하고 인사하며 부모의 가방을 받아들곤 하죠. 그야말로, '뿌린 대로 거둔다'는 말이 딱 맞습니다.

---

**KEY POINT**

**표현을 잘하는 아이로 키우고 싶다면?**

- 부모가 느끼는 다양한 감정을 아이와 나눠주세요.
- "굿모닝!" "잘 다녀왔어?" "즐겁게 놀았어?" 등 일상적인 질문들로 대화의 기회를 늘려주세요.
- 학교에서 돌아온 아이에게는 꼭 '긍정적 인사'를 건네주세요.

내 아이와의
감정 소통

# 부모의 좋은 첫마디
# vs. 나쁜 첫마디

똑같은 상황에서도 어떤 말로 시작하느냐에 따라 감정 소통이 원활해지기도 하고 꽉 막혀버리기도 합니다. 양육자가 먼저 아이를 따뜻하게 이해하고 감싸는 대화를 시작해 보세요. 아이의 태도가 바뀌는 걸 느끼실 거예요.

| | 나쁜 대화 | 좋은 대화 |
|---|---|---|
| 아침에 깨울 때 | "엄마가 셋까지 센다. 빨리 안 일어나?" | "잘 잤어? 피곤해서 일어나기 힘들지?"<br>(꼭 안아주거나 다리를 주물러준다.) |
| 학교에서 돌아왔을 때 | "왜 이렇게 늦었어?" | "잘 다녀왔어, 우리 딸?" |
| 식사할 때 | "국 다 식잖아. 빨리 못 와?" | "엄마는 기다리는 중이란다.<br>우리 아들, 빨리 와." |
| 아이가 아플 때 | "그러게 왜 엄마 말 안 들어?<br>아주 쌤통이다, 쌤통!" | "많이 아프지?<br>엄마가 대신 아팠으면 좋겠어." |
| 잠자리에 들 때 | "대체 지금이 몇 시니? 너 이러면 키 안 큰다!" | "좋은 꿈 꿔, 우리 아들." |
| 부모가 회사에서 퇴근한 후 만났을 때 | "숙제 다 해놨어?"<br>"학원 간 거 맞아?"<br>"책가방은 싸놨니?" | "우리 아들, 보고 싶었어."<br>"아침에 보고 지금 보니까 더 잘생겨졌네."<br>"저녁 먹고 엄마랑 같이 하고 싶은 거 있어?" |

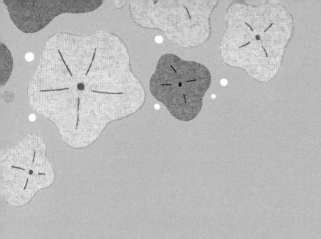

아이 키우며,
이런 감정 느끼세요?

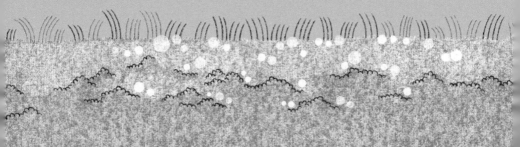

· 4장 ·

아이를 키우면서 부모는 다양한 감정을 느낍니다. 항상 좋을 수만은 없지요. 너무나 사랑하는 아이인데, 아이를 보면 행복하다가도 한 번씩 떼를 쓸 때면 나도 모르게 화를 내고서는 남모를 죄책감에 휩싸이기도 합니다. 때로는 답답하기도 하고, 때로는 아이를 향한 내 노력이 부질없이 느껴져 허무할 때도 있습니다. 모든 부모님들이 공통적으로 느끼는 감정들이지요. 이 장에서는 아이를 키우며 양육자가 자주 느끼는 열 가지 감정에 대해 정리했습니다. 양육자가 느끼는 감정이 정말 '아이 때문'인지, 혹은 아이와 직접적인 관계가 없는데도 아이 때문이라고 느끼는 것인지를 스스로 돌아보실 수 있을 겁니다. 어쩌면 마주하고 싶지 않은 자신의 모습과 대면해야 할 수도 있어요. 하지만 우리 모두는 슈퍼맨이 아닙니다. 그러니, 감정을 완벽하게 통제하거나 조절하겠다는 부담은 갖지 마세요.

여기서 기억하실 것은 하나입니다. '내 감정이 행복해야 아이의 감정도 행복하다.' 이 장을 읽고 나 자신의 감정을 돌아보면서, 더 현명하게 마음을 다루는 방법을 차근차근 배우시면 됩니다. 특히, '양육자 감정 카운슬링' 코너에서 소개해 드리는 방법들을 한번 활용해 보세요. 시작은 일단 그렇게 하셔도 충분합니다.

# 죄책감:
# "미안해, 다 내 잘못이야"

부모는 직장에 있거나 다른 일을 할 때에도 가슴 한 켠에 자녀를 품고 있습니다. 밖에 나가 일을 보면서도 아이 생각을 완전히 지우지 못하지요. 자주 있는 일도 아닌데, 낮에 친구라도 만나려고 하면 괜스레 아이에게 미안해집니다. 아무도 없는 집에 혼자 있을 아이가 안쓰럽고, '아이 간식도 안 챙겨주고 내가 지금 뭐하는 건가' 하며 죄책감을 느끼기도 합니다.

주말이 되면 주중의 긴장이 풀리고 피곤이 한꺼번에 몰려오면서 몸 이곳저곳이 욱신거립니다. 출근하지 않는 날만이라도, 아이들이 학교를 가지 않는 날만이라도 늦잠을 자고 싶은 마음이 굴뚝같습니다. 내 몸이지만 내 몸이 아닌 것처럼 자꾸만 처집니다. 그래도 아침 여덟 시가 지나면 주섬주섬 이불을 걷고 나와 옷을 입지요. '주말인데 반찬은 뭘 해줄까?'라는 생각을 하면서요.

주말은 아이들에게도 휴식의 시간이지만, 부모에게도 피로를 씻어낼 수 있는 유일한 시간입니다. 말 그대로 '황금 같은 주말'이죠. 하지만 막상 부모는 제대로 쉬지 못합니다. 주중에 못했던 아빠 노릇, 엄마 노릇을 '제대로' 해야 하기 때문입니다.

참을성을 발휘하며 아이들의 이야기를 들어주어야 하고, 아이들이 불평을 해도 잘 다독여야 하지요. 오후가 되면 아이들을 체험학습 현장에 데리고 가거나 운동을 같이 합니다. 가족들을 위해 세 끼 식사를 챙기고 중간중간 영양 간식도 만듭니다. 섣부른 잔소리는 아이를 망친다고 하니, 아이들 방이 폭탄을 맞은 것처럼 지저분해도 일단 참습니다.

그러다 아이의 기분이 상하지 않도록 눈치를 보며 말을 건넵니다. "방이 좀 지저분한 것 같은데?" 조심스레 이야기하는데도 아이는 대뜸 인상부터 구깁니다. "아, 엄마는 또 잔소리야." 잔소리? 내가 하는 모든 이야기를 잔소리로 받아들이는 아이를 보니 서운해집니다.

옛날에는 며느리가 시어머니의 눈치를 일방적으로 보며 살던 시절이 있었습니다. 그런데 요즘 어르신들 말씀을 들어보면, 오히려 시어머니가 며느리 눈치를 보는 경우가 훨씬 더 많다고들 하죠. 시대가 변하면서 관계에도 변화가 생긴 겁니다.

부모와 자녀 관계도 마찬가지예요. 예전 우리의 할아버지 할머니 시대에는 부모의 권위가 특별했습니다. 노른자가 생생하게 살아있는 계란프라이는 아버지 밥그릇 옆에만 놓여있었죠. 어쩌다 막내가 그쪽으로 젓가락이라도 가져갔다가는 온 가족이 일제히 막내를 노려보며 "어디 아버지 반찬에 젓가락질을 해?"라고 구박을 하곤 했습니다. 또 아버지가 수저를 들기 전에 먼저 밥을 먹어도 버르장머리 없다며 온갖 꾸중을 들어야 했지요. 아버지가 낮잠을 주무시는 휴일에는 행여 깨실까 모든 가족이 발꿈치를 들고 살금살금 돌아다니고요.

그런데 요즘은 어떤가요? 아버지가 아이들 옆에 놓인 소시지를 집어먹기라도 하면, 아내가 "그나마 애들이 잘 먹는 건데, 왜 애들 반찬을 먹고 그래요?" 하며 아이들 앞으로 접시를 밀어버립니다. 아버지가 식탁에 와서 앉기도 전에 아이들은 저마다 숟가락을 들고 밥을 먹은 후 일어납니다. 저녁 시간에 아버지가 스포츠 뉴스를 보고 있으면, 아내가 허둥대며 달려와 말합니다. "여보, 애들 지금 공부하는 거 안 보여요? 소리 좀 줄여요! 아예 끄든가!" 아버지는 어느새 소리가 들리지 않는 화면을 보는 데 익숙해졌습니다.

예전보다 아이들 키우기는 더 힘들어지고 부모에게 요구되는 사항은 많이 늘어났지요. 그러다 보니 요즘 부모들은 '내가 과연 잘하고 있는 걸까?' 늘 고민합니다. 주변과 비교하면 한없이 부족하고 초라한 부모인 것만 같아 아이에게 미안한 마음이 들 때가 많아요.

하지만 그런 생각은 불필요합니다. 지금의 상황이 어떻든 여러분은 이미 부모의 역할을 잘해내고 있으니까요. 내가 하고 싶은 많은 일들을 뒤로하고, 아이를 위해 이 책을 읽고 있는 지금 모습을 보세요. 이미 좋은 양육자라는 충분한 증거입니다.

## 부모도 한계가 있다고 인정하면 편해집니다

완벽한 부모란 세상에 없습니다. 부족한 건 부족한 대로, 넘치는 건 넘치는 대로 자신의 상황에서 노력하면 되는 거지요. 부모가 아이를 사랑하고, 서로가 행복한 마음으로 소통하며 이해하는 게 핵심이니까요.

간혹 힘든 상황 속에서 아이에게 소리를 지르고는 심한 죄책감에 빠지는 엄마들이 있습니다. 유난히 피곤하거나 다른 일로 기분이 나쁜 상태에서 아이에게 신경질을 냈을 때 죄책감을 쉽게 느끼지요. 죄책감이라는 감정은 자신이 타인에게 준 고통이나 상처에 대해 배상하려는 느낌입니다. 이 죄책감은 다른 감정들에 비해 고통을 느끼는 강도가 셉니다. 그래서 죄책감을 느끼는 대상에게 어떻게든 보상을 해주고 싶어 하지요. 미안한 마음에 아이에게 분에 넘치는 선물을 사주거나, 평소에는 허락하지 않던 게임을 하게 해주는 경우가 대표적이에요.

그러나 아이를 기르면서 소리 한 번 지르지 않는 부모가 세상에 있을까요? 있다면 보통 사람은 아닐 겁니다. 부모도 인간이기 때문에 짜증도 나고 화도 납니다. 그러다 보면 자기도 모르게 아이에게 그 감정을 드러내게 될 때가 있어요. 그런 일 하나하나에 지나치게 마음을 쓰는 건 아이에게도 오히려 해가 될 수 있습니다.

부모의 역할은 물 흐르듯 하는 것이 좋습니다. 자연스러운 것이 좋다는 의미죠. 부모의 마음이 편해야 아이의 마음도 편한 법입니다. 부모의 능력과 체력이 따라주는 데까지 그 역할을 하면 되는 겁니다. 부모라는 역할에 대해 너무 부담감을 갖지 마세요.

**세상에 완벽한 부모는 없어요**

· 바쁜 와중에도 아이를 위해 최선을 다하려고 노력하는 양육자는, 그 마음만으로도 충분히 훌륭한 양육자입니다.

· 주중에 열심히 일하고, 주말에는 아이들과 놀아주며 함께 시간을 보내는 아빠와 엄마라면 이미 좋은 부모입니다.

# 아이에게 죄책감을 자주 느끼는
# 양육자를 위한 처방전

## • 양육자의 강점 찾기

화내고 돌아서면 마음이 짠해지고, 더 많은 시간 함께 있어주지 못해 미안하세요? 잘해주고 싶고, 많은 걸 해주고 싶은데 마음처럼 되지 않아 죄책감을 느끼세요? 그러나 죄책감을 갖고 아이를 대하는 건 양육자와 아이 모두에게 바람직한 일이 아닙니다.

모든 부모는 아이를 기르는 방식에서 각기 강점과 약점을 가지고 있습니다. 너그러운 부모는 아이와 친근한 관계를 유지할 수 있지만, 좋은 생활 습관을 잡아주는 단호함은 부족할 수 있어요. 한편, 원칙 중심적인 부모는 아이가 처한 다양한 상황에 대한 이해력이 부족하여 아이가 소통에 답답함을 느낄 수도 있지요.

이번 기회에 부모로서 내가 가진 강점들, 내가 잘하고 있다고 생각하는 부분들을 한번 적어보세요. 생각보다 나는 양육자로서 좋은 면모들을 꽤 많이 갖고 있을 거예요. (예: 아이와 놀아줄 때는 한 번을 놀아도 확실히 기억에 남게 놀아준다.)

1.

2.

3.

세상에 완벽한 인간이 없듯이, 완벽한 양육자 또한 없습니다. 내가 가진 강점들을 기억하고, 아이를 위해 최대한 활용하면 충분해요.

## • 솔직하게 사과하기

아이가 큰 잘못을 한 것도 아닌데 내 성질에 못 이겨 아이에게 화풀이하거나 소리를 지른 경우, 부모는 죄책감에 휩싸입니다. '내가 너무 심했어. 난 정말 엄마로서 자질이 없나 봐' 하는 생각이 들지요. 이럴 때는 자꾸 혼자 자책만 하지 말고, 아이에게 다가가 바로 사과하세요.

"아까는 엄마가 몸이 안 좋아서 너한테 신경질을 부린 것 같아. 정말 미안해. 엄마 용서해 줄래?"

부모의 솔직한 사과는 아이의 마음을 쉽게 풀어주며, 감정의 응어리나 찌꺼기가 남지 않도록 해줍니다.

## • 이렇게 말해보세요

"엄마가 오늘 감기 기운이 있어서 기분이 안 좋았어. 너한테 신경질 부려서 미안해."

"아까 마트에서 사람들이 많은데 네가 떼를 써서 아빠가 당황했어. 소리 지른 건 미안해."

"같이 놀아달라고 했는데 엄마가 짜증 내서 속상했지? 사실은 오늘 엄마가 친구랑 싸워서 기분이 안 좋았거든. 사과 받아줄래?"

# 분노:
## "내가 너 때문에 못 살아!"

민우는 요즘 텔레비전에 나오는 애니메이션에 푹 빠져있습니다. 매 회 주인공이 아슬아슬한 상황에서 빠져나와 활약하는 내용은 정말 재미있거든요. 그래서 민우는 하루 중 이 시간이 가장 기다려집니다.

엄마는 민우에게 텔레비전을 켜기 전에 숙제부터 끝내야 한다고 항상 말했습니다. 그래서 민우는 오늘 학원에서 오자마자 숙제를 하려고 했어요. 그런데 집에 돌아오니 사촌 형들이 놀러와 있네요! 오랜만에 함께 게임도 하고 간식도 먹다 보니 어느덧 시간이 훌쩍 지나가 버렸어요. 좋아하는 애니메이션을 봐야 할 시간은 다가오는데, 아직 숙제는 시작도 못했습니다. 민우는 마음이 바짝바짝 타는 것 같았어요. 마음이 급해진 민우는 하던 숙제를 내버려둔 채 텔레비전 앞으로 달려갑니다.

저녁 준비를 하던 엄마는 민우가 텔레비전 켜는 것을 미처 보지 못했어요. 잠시 후 엄마는 숙제를 던져놓은 채, 텔레비전에 집중하고 있는 민우를 발견합니다.

"민우야, 너 지금 뭐하는 거야? 숙제 다 하기 전까지는 텔레비전 못 본다고 했잖아."

민우는 최대한 불쌍한 표정을 짓고는 엄마를 바라봅니다.

"엄마, 이거 보고 나서 하면 안 돼요? 오늘 형들이 와서 숙제 못 한 거잖아요."

엄마는 단호한 표정을 짓습니다.

"안 돼! 얼른 꺼! 숙제부터 해야지."

하지만 민우는 도저히 텔레비전에서 눈을 뗄 수가 없습니다.

"엄마, 제발요. 네? 한 번만요. 네?"

엄마는 민우의 애원을 매정하게 뿌리치지 못합니다.

"알았어. 그럼 이번 한 번만이야!"

부엌으로 돌아간 엄마는 다시 저녁 준비를 시작합니다. 하지만 서서히 열이 오르기 시작하지요. 분명 숙제부터 해야 한다고 수없이 말했는데도 자꾸만 약속을 어기는 아들에게 화가 납니다. 마침내 폭발한 엄마는 하던 일을 놓고 민우에게 쿵쿵거리며 다가갑니다.

"너 숙제 먼저 하고 텔레비전 보기로 했잖아. 근데 왜 자꾸 약속을 어겨?"

　엄마는 짜증을 내며 소리를 지르기 시작해요. 결국 엄마한테 혼나서 방으로 쫓겨왔지만, 민우는 아무리 생각해도 엄마가 화난 이유를 모르겠습니다. 책상에 앉았지만 자꾸 억울해집니다. 조금 전까지는 보게 해준다고 해놓고 말을 바꾸는 엄마가 너무너무 밉습니다. 민우 엄마는 대체 왜 화가 난 걸까요?

　사실 엄마는 민우가 아니라 스스로에게 화가 난 것입니다. 숙제를 하기 전에는 텔레비전을 볼 수 없다는 게 민우와 엄마의 약속이었습니다. 그럼에도 아이의 애원에 "이번 한 번만이야" 하며 눈감아 줬지요. 엄밀히 말하면, 둘 간의 약속은 민우가 아니라 엄마가 먼저 깬 겁니다.

　이런 일은 예전에도 몇 번 있었고, 그래서 민우는 숙제를 안 해도 엄마에게 말만 잘하면 텔레비전을 볼 수 있을 거라는 생각을 은연중에 하고 있어요. 함께 한 약속은 지키도록 지도해야 한다는 사실을 알면서도, 여러 가지 이유로 얼떨결에 아들의 요구를 들어준 엄마는 자신이 몹시 못마땅해집니다. 그리고 매번 같은 상황이 반복되면서 엄마는 화가 난 겁니다. 그래서 자신이 허락하고도 분에 못 이겨, 텔레비전을 보는 아이에게 다시 달려간 거지요.

　허락을 받고 텔레비전을 보던 민우는 화를 내는 엄마를 보고 슬그머니 텔레비전을 끄고 방으로 들어갑니다. 엄마는 엄마대로, 민우는 민우대로 마음이 불편하지요.

　이럴 때 엄마는 어떻게 하는 게 좋을까요? 민우가 숙제를 다 마치고 텔레비전을 보게 할 방법은 없을까요? 아이의 간청에 순간 허락했다가 곧 자기 성질에 못 이겨 화를 내는 상황을 바꿀 방법은 없을까요?

사실 민우에게 말로 협박하는 것은 더 이상 아무 소용이 없습니다. 아무리 다음부터는 절대 안 된다는 엄포를 놓아도 아이는 그것이 '말'뿐이라는 사실을 알고 있거든요. 민우는 다음에도 숙제를 하지 않은 채 텔레비전을 볼 수 있을 거라고 내심 생각합니다.

민우가 약속을 지키도록 하려면 엄마부터 약속을 지켜야 합니다. 아무리 아이가 불쌍한 표정으로 눈물을 흘리며 엄마 품으로 달려들어도, 마룻바닥을 뒹굴며 울고불고 애원해도, 숙제를 못 했다면 텔레비전을 켜지 못하게 해야 합니다.

마음이 아프지만, 그래서 양육자는 단호해야 할 때는 단호해야 합니다. 효과 면으로만 본다면, 텔레비전을 못 보는 아이의 안타까움이 클수록 효과도 커집니다. 아이는 이 교훈을 잊지 못할 테니 다음부터는 어떻게든 미리 숙제를 해놓을 겁니다. 비록 숙제를 완벽하게 하지는 못하더라도, 아예 숙제를 제치고 텔레비전 앞으로 달려가지는 않아요. 엄마는 서로 한 약속을 지킬 거라는 걸 알고 있으니까요.

하지만, 엄마가 "그래, 알았어. 이번만이야"라고 허락하는 순간, 모든 규칙은 깨지고 엄마의 말은 힘을 잃고 맙니다. 그리고 또다시 엄마는 화를 내고, 아이는 왜 엄마가 화를 내는지 이해하지 못한 채 방으로 쫓기는 상황이 반복됩니다.

아이를 진정으로 위한다면, 함께 정한 규칙에 대해서는 단호한 모습을 보여주세요. 아이와 함께 규칙을 정하고 그 규칙이 지켜지도록 아이와 같이 노력해 주세요. 아마도 아이에 대한 불필요한 화를 상당 부분 줄일 수 있을 거예요.

더 이상 화를 내는 것으로 아이를 움직이려 하지 마세요. 서로의 감정만 상처가 깊어집니다. 행동은 규칙으로도 충분히 교정할 수 있답니다.

**아이에게 욱하고 화날 때 긴급 감정 처방**

- 지금 화가 나는 이유가 아이 때문인지, 또는 약속을 지키지 못한 자신 때문인지를 먼저 돌아보세요.
- 곧바로 말하지 말고 심호흡부터 크게 한 번 해보세요.
- 화를 내서 아이가 바뀌지 않는다는 것을 기억하세요.

# 아이에게 화가 날 때
# 마음을 다스리는 대화법

아이에게 자꾸 화를 내는 것 같아 걱정되지만 막상 아이를 기르면서 자주 부딪히다 보면, 화를 참을 수 없는 경우가 많지요. 또 부모에게 아이는 아직 어리고 편하게 대할 수 있는 대상이다 보니 말을 함부로 할 때가 있습니다.

화가 날 때는 일단 아이에게 존댓말을 사용해 보세요. '항상 반말을 했는데, 갑자기 존댓말을 쓰는 게 이상할 것 같아요' 하실 수 있는데요. 의외로 부모 스스로의 감정을 다스리는 데에는 강력한 효과가 있답니다.

사람은 화가 나면 뇌의 측두엽이 자극을 받는데, 존댓말을 사용하면 감정을 조절하고 이성을 자극하는 전두엽이 활성화되면서 화가 누그러지는 효과가 발생해요. 그래서 예의를 갖춰야 하거나 감정 조절이 어려운 관계인 경우, 의도적으로 존댓말을 사용하는 게 좋답니다. 부모가 존댓말을 사용하면 아이는 '지금 엄마가 화가 났구나' 생각하게 되므로 일종의 경고 효과도 생기게 되고요.

아이가 아직 어리고 양육자의 보호하에 자라고 있지만, 아이도 나와 다른 독립적인 인격체랍니다. 따라서 화가 날 때도, 아이를 최대한 존중해 주는 대화법으로 소통하셔야 한다는 걸 기억해 주세요.

- **말투에 따라, 느낌이 이렇게 달라져요**

| 반말로 대화할 때의 말투 | 존댓말로 대화할 때의 말투 |
| --- | --- |
| "너 아직도 다 안 했어?" | "아직 다 안 했어요?" |
| "빨리 준비하고 학교 안 가!" | "빨리 준비하고 학교 가요." |
| "조용히 해!" | "조용히 해줄래요?" |

# 답답:
## "네가 뭘 알아? 시키는 대로 해"

"학교 다녀왔습니다!"

학교에서 돌아온 요셉이가 씩씩하게 인사합니다. 그런데 엄마는 요셉이가 채 신발도 벗기 전에 "얼른 씻고 들어가서 공부해"라고 말합니다. 엄마의 반응에 기운이 쭉 빠집니다.

'아무리 공부가 중요해도 그렇지. 이제 막 학교에서 왔는데 '어서 와, 우리 아들!' 하고 반겨주시면 좋을 텐데…'

요셉이는 엄마에게 서운함을 느낍니다. 공개 수업 때 반 회장 엄마를 만나 이야기를 나눈 후부터, 엄마는 학교에서 돌아온 요셉이에게 간식도 주지 않고 곧바로 책상에 앉으라고 재촉하기만 합니다. 반 회장인 준엽이가 그렇게 한다고 들었기 때문입니다. 준엽이는 학교에서 오면 손만 씻고 바로 책상에 앉아 숙제부터 끝낸다고 해요. 엄마는 준엽이엄마가 많이 부러운가 봅니다.

엄마의 성화에 못 이겨 요셉이는 곧바로 책상에 앉습니다. 하지만학교에서 점심을 먹고 반 대항 농구 시합을 해서 그런지 자꾸 나른해집니다. 아빠 엄마도 밖에서 일하고 돌아오면 쉬던데, 왜 자신은 힘든데도엄마 말대로 책상에 앉아 공부를 또 해야 하는지 이해가 잘 안 돼요. 스스로 자기 상태를 조절해 가며 공부하면 안 되는 걸까요? "엄마, 저 잠깐만 쉬었다 하면 안 돼요?" 물어보고도 싶지만, 차마 입 밖으로 나오지는 않습니다. 그랬다가는 또 준엽이랑 비교당할 게 뻔하니까요.

오늘은 영어학원에 가는 날이라 숙제를 하고 있는데요. 미리 읽어갈 책 내용은, 소풍을 앞두고 신이 난 어느 가족의 이야기입니다. 요셉이는 이야기 속의 아이가 부럽기만 합니다. 큰 소리로 읽어야 한다는 건알겠는데, 자꾸 목소리가 작아지고 팔다리가 욱신거려요. 잠깐만이라도 침대에 누웠다 일어난 후에 했으면 좋겠는데…. 하지만 누워있을 때엄마가 들어와 보기라도 하면 큰소리가 날 게 분명합니다. 그렇다고 능률도 오르지 않는데 억지로 책상에 앉아있자니 고통스러워요. 마치 엄마의 로봇 인형이 된 것 같아 기분도 나쁘고요.

엄마는 항상 요셉이에게 명령하곤 합니다. "손 씻어" "책상에 앉아" "숙제 해" "밥 먹어" "어서 자" 등은 엄마가 요셉이에게 제일 많이 하는 말이지요.

엄마는 요셉이에게 의견을 물어본 적이 별로 없습니다. 왜냐하면 엄마는 어른이라서 요셉이에게 뭐가 가장 필요하고 옳은지 잘 알기 때문이래요. 어쨌든 자신이 해야 할 일들이니 요셉이 기분이나 의견도 중요할 것 같은데, 엄마는 늘 "네가 뭘 알아? 그냥 엄마가 시키는 대로 해"라고 말합니다.

어떨 땐 엄마 말이 맞는 것도 같아요. 또 스스로 생각하는 게 점점 귀찮아지기도 하고요. 그래서 요즘엔 요셉이가 먼저 엄마에게 뭘 해야 하는지 물어봅니다. 바로바로 답이 나오니 편하다는 생각을 해요.

"엄마, 수학 숙제 다 했어. 이제 뭐 해?"

그러면 엄마는 다시 명령을 내립니다.

"이제 영어 숙제 해."

가끔은 헷갈릴 때도 있어요. 학교에서 뭔가를 결정해야 할 상황에서는, 물어볼 엄마가 없으니까요. 담임 선생님이 "알아서 자율 학습 해"라고 말씀하시면 참 곤란합니다. '알아서'라는 말은 요셉이에게 너무 어려우니까요. 차라리 "이거 해"라고 말씀해 주시면 쉬울 텐데 말이죠. 그래서 요셉이는 옆 짝꿍이 뭘 하는지 훔쳐보고 따라 하곤 합니다.


어른들은 해야 할 일부터 하고 나면 그다음에는 하고 싶은 일을 하며 편하게 쉴 수 있다는 사실을 경험으로 잘 알고 있습니다. 하지만 솔직히 말해, 그 사실을 잘 알고 있는 어른들도 그렇게 실천하지 못하는 경우가 많습니다. 어른도 그런데 하물며 어린아이들은 실천하기가 얼마나 힘들까요?

## 아이가 스스로 경험하게 해주세요

잔소리나 설득으로는 아이의 긍정적인 변화를 기대하기 힘듭니다. 오히려 아이들은 감정적인 사건을 겪은 후에야 더 많이 변화합니다. 예를 들어볼까요?

"숙제를 열심히 해야 성적이 오르고, 좋은 대학에 갈 수 있어. 그리고 좋은 대학을 졸업하면 좋은 회사에 취직해서 돈도 많이 벌고 훌륭한 사람이 되는 거야."

딱히 틀린 말은 아니지만, 여전히 공부해야 하는 이유는 피부에 와닿지 않습니다. 왜 숙제를 해야 하는지 잘 공감이 되지 않아요. 부모가 그렇다니까 그런가 보다 하지만, 열심히 해야겠다는 결심이 서지는 않죠. 그저 막연하게만 느껴질 뿐입니다.

아이의 시야는 어른만큼 넓고 장기적이지 못해요. 아무리 미래를 멀리 내다보려고 해도 초등학생이 멀리 보는 데에는 한계가 있어요. 시력이 2.0인 사람이 0.1인 사람에게 왜 저 간판의 글씨가 보이지 않느냐고 하는 것과 똑같죠. 말하는 사람이나 듣는 사람이나 답답하기는 매한가지입니다.

그런데 아이가 직접 경험을 하고 나면 많은 부분이 달라집니다.

다양한 직접 경험 중에서도 가장 중요한 건 바로 감정적 경험인데요. 감정적 경험에는 긍정적인 경험과 부정적인 경험이 있어요.

긍정적인 경험은 아이가 성취감이나 자부심 등을 느낀 순간의 기억을 말합니다. 앞서 요셉이의 경우, 부모가 어떻게 아이에게 긍정적인 감정 경험을 만들어줄 수 있는지 한번 볼까요?

요셉이가 학교에서 돌아왔습니다. 오늘부터 엄마는 "책상에 앉아 숙제부터 해"라고 말하지 않을 겁니다. 하지만 아이는 그간 들어왔던 엄마의 잔소리를 기억하기 때문에 일단 책상에 습관적으로 앉습니다. 이때 방에 들어온 엄마가 말합니다.

"어? 엄마가 숙제부터 하라고 이야기하지 않았는데도 혼자 책상에 앉았네!"

요셉이가 의아한 눈빛으로 엄마를 바라보자 엄마가 설명합니다.

"생각해 보니, 학교에서 오자마자 책상에 앉는 게 힘들 것 같아서 말 안 했어. 그런데 지금 너를 봐! 스스로 책상에 앉아있잖아. 엄마, 사실 좀 놀랐어."

요셉이는 여전히 미심쩍은 표정으로 엄마를 쳐다봅니다.

"좀 쉬었다 할까? 피곤한데 숙제해도 괜찮겠어?"

물론 엄마의 말을 들은 요셉이가 바로 책상에서 일어나 침대에 눕거나 게임기를 손에 들 수도 있어요. 하지만 기존처럼 책상에 앉아있다고 해서 숙제를 하고 있다고 생각하는 건 부모의 착각입니다. 부모인 우리도 실은, 어릴 적 책상 앞에만 있었을 뿐 딴짓을 했던 경험을 다들 갖고 있지요!

아이가 "다행이다!" 하며 바로 숙제를 집어치울 수도 있지만, 부모는 아이에게 이미 중요한 메시지를 전했습니다. '너는 시키지 않아도 숙제를 하려고 노력하는 아이'라는 메시지를요. 당장은 아이의 변화가 없을지 몰라도, 부모가 일관된 태도를 보인다면 분명 아이는 변화합니다. 어느 순간 아이가 이렇게 말하는 순간이 올 수 있어요.

"엄마, 나가줄래요? 나 숙제부터 빨리 해야 하니까."

엄마는 놀라워하며 당황하는 기색을 아이에게 보입니다.

"괜찮겠어? 중학생 형들도 집에 오자마자 바로 숙제하기가 쉽지 않다던데."

요셉이는 진지한 표정으로 오른손에 연필을 쥐며, 왼손으로 엄마에게 나가라는 손짓을 하죠.

"숙제부터 하고 쉬어야 하니까 빨리 나가줘요, 엄마."

이것이 바로 긍정적인 감정 경험의 힘입니다. 엄마는 방금 "중학생들도 하기 어려운 일을 초등학교 4학년인 네가 하고 있는 거야"라는 이야기를 통해, 아이에게 '난 대단한 아이'라는 자부심을 느끼게 했습니다. 시키지도 않았는데 어떻게 이렇게 잘 알아서 하느냐는 말을 들으면, 아이는 자신이 '자기 일을 스스로 하는 주도적인 사람'이라는 느낌을 갖게 됩니다. 이것이 바로 자기 효능감Self-Efficacy이지요.

자기 효능감은, 특정한 분야나 일에 대해 내가 잘할 수 있다는 자신감입니다. 사실 모든 걸 잘할 수 있는 사람은 이 세상에 없어요. 이 때문에 아이에게 "넌 뭐든지 잘할 수 있어"라는 근거 없는 자신감을 심어 주는 것은 위험할 수 있습니다. 왜냐하면 아이는 이미 자신이 수학과 과학에 약하다는 걸, 체육과 미술을 잘 못한다는 걸 알고 있기 때문이지요. 따라서 구체적으로 특정 태도나 행동, 특정 분야에 대한 아이의 능력을 칭찬해 주는 게 좋습니다. 그리고 아이의 자기 효능감은, 일상에서 벌어지는 다양한 상황 속에서 수시로 강화시켜 주셔야 해요.

이때 반드시 필요한 것은 양육자의 인내심이에요. 숙제부터 하는 습관이 딱 하루만 지속될 수도 있거든요. 곧 그다음 날에는 학교에서 돌아온 요셉이가 바로 책상에 앉는 대신, 책가방을 던지고 냉장고 문부터 열 수도 있습니다. 그 모습에 실망하지 말고 지켜봐 주세요.

새해가 되면 누구나 굳은 결심을 하잖아요. 그리고 그 결심들은 곧 흐지부지되고 마는 경우들이 더 많고요. 중요한 것은 비록 완벽하게 그 계획을 실행하지 못하더라도 끈을 놓지 않고 꾸준히 하느냐는 겁니다. 비록 중간중간 빼먹는 날도 있고 못 하는 날도 있겠지만, 그럼에도 지속적으로 하겠다는 마음을 유지하는 것이 중요하지요.

요셉이의 경우 학교에서 오자마자 책상에 앉는 것이 중요하다는 사실을 아이가 잊지 않고 있는지가 핵심입니다. 요셉이가 매일 실천하지 못한다 하더라도 계속해서 '넌 학교에서 오면 숙제부터 하려고 노력하는 아이구나'라는 메시지를 던져주세요. 예를 들어, 오늘은 요셉이가 숙제부터 하지 못했다면, 잊지만 않도록 메시지를 던져주면 됩니다.

"어제는 학교에서 오자마자 숙제를 끝내는 모습이 좋았어. 오늘은 좀 피곤한가 보네. 괜찮아, 엄마도 힘들면 그럴 때가 있어. 그래도 넌 꾸준히 노력하는 아이라는 걸 엄마가 알고 있어."

아이든 어른이든 우리는 누구나 자신을 믿어주는 사람 앞에서는 약해지기 마련입니다. 비록 매일 지켜내지는 못할지라도, 아이는 엄마의 기대에 어긋나지 않으려고 노력할 겁니다. 효과로 따지면, 엄마가 강압적으로 책상에 앉혀놓았을 때보다 적어도 열 배 이상 큰 효과가 있을걸요!

한편, 긍정적인 감정 경험이 아닌, 부정적인 감정을 경험하게 하는 방법도 있습니다. 아이들은 왜 학교에서 돌아오면 숙제부터 해야 하는지 깊이 생각하지 않아요. 그렇게 하지 않았을 때 어떤 일이 벌어지는지 제대로 경험해 보지 못했으니까요. 부모님에게 "너 이렇게 공부 안 하다간 나중에 커서 후회한다" 등의 말을 들은 적은 있지만, 막연하게 느껴질 뿐이죠.

엄마는 아이가 숙제를 안 하면, 어떻게 해서든 하도록 들들 볶습니다. 그래서 아이는 숙제를 못한 채 다음 날 학교에 가서 선생님께 혼나는 경험을 거의 해보지 못합니다. 늘 그렇게 엄마가 알아서 챙겨주니, 아이는 엄마만 믿고 자기 숙제를 남의 일처럼 나 몰라라 하지요. 계속 지각하면 아이들 앞에서 선생님께 꾸중을 듣거나 교실 밖에 서있게 된다는 것, 준비물을 제대로 준비해 가지 않으면 자존심을 굽혀가며 짝꿍에게 빌려야 한다는 것 등을 경험할 필요가 있어요.

부정적 감정을 직접 겪고 나면, 아이는 가급적 그런 일이 발생하지 않도록 노력하게 됩니다. 아이가 학교에서 선생님께 혼나는 것에 대해 너무 걱정하거나 특별히 기분 나빠할 필요가 없어요. 아이가 무언가를 스스로 하기 위해 겪어야 할 하나의 경험이라고 생각하세요.

물론 부정적 경험을 했다고 해서 아이가 순식간에 180도 변하지는 않습니다. 그러나 아이는 놀면서도 뭔지 모를 찜찜함이 마음속에 남아있어요. '숙제해야 하는데…'라는 생각을 스스로 하기 시작하는 거죠. 일단 아이가 찜찜함을 느끼기 시작했다면 그다음부터는 수월해집니다.

"요셉아, 엄마가 옆에서 보니까 놀면서도 뭔가 불안해하는 거 같은데 왜 그래?"

이런 식으로 엄마가 옆에서 조금만 거들어주면 되지요.

"너 선생님한테 그렇게 혼나고도 정신 못 차렸니? 대체 숙제는 언제 할 건데?"라고 강하게 다그치지 마세요. 조금만 더 기다려주면 자발적으로 숙제할 아이를, 한 번의 다그침으로 인해 수동적인 로봇 같은 상태로 돌아가게 만들 수도 있으니까요.

요즘은 아이를 많이 낳지 않습니다. 한 집에 기껏해야 한 명 또는 두 명의 자녀가 있지요. 그야말로 금지옥엽입니다. 그러다 보니 부모들은 가급적 아이의 신체나 감정이 다치지 않도록 보호하고 싶어 합니다.

하지만 너무 치명적인 것이라서 아이에게 독이 되는 것이 아니라면 다양한 감정적 경험은 꼭 필요합니다. 부모의 지나친 보호는 오히려 해가 될 수도 있어요. 살아가면서 당연히 경험하게 될 부정적 감정들로부터 아이를 지나치게 보호하다 보면, 나중에 성인이 되어 겪을 때 몇 배 더 힘들어하거든요. 자신의 행동에는 반드시 결과가 따른다는 것을 아이에게 가르쳐주는 것도 부모의 중요한 역할입니다.

---

KEY
POINT

### 아이에게 다양한 감정 경험을 만들어주세요

1. **긍정적인 감정 경험**

   양육자가 시키지 않아도 알아서 한 점을 집중적으로 칭찬하여 아이가 자기 주도적으로 행동하게 한다.

   예) "하라고 안 했는데 알아서 숙제를 혼자 했네?" "텔레비전을 보고 싶었을 텐데, 책부터 읽고 있구나."

2. **부정적인 감정 경험**

   아이 스스로 잘못된 행동에 대해 깨달을 기회를 준다.

   예) 숙제를 안 해갔을 때 선생님께 꾸지람을 듣고 창피함을 느끼는 경험, 동생과 다투는 바람에 다 같이 공원에 놀러가지 못하게 되어 후회하는 경험

# 자발적인 아이 만들기
# 프로젝트

양육자의 일방적인 지시는 아이를 수동적으로 만듭니다. 물론 아이가 스스로 움직일 때까지 기다리는 것이 결코 쉽지는 않겠지만, 궁극적으로는 양육자가 인내하며 기다려주는 것이 아이의 주도성에 훨씬 도움이 됩니다.

| 긍정적인 감정 경험을 시키기 | 부정적인 감정 경험을 시키기 |
|---|---|
| 1. 아이의 행동을 관찰해 주세요. | 1. 가져갈 준비물이나 해야 할 숙제가 있다는 걸 일단 알려주세요. |
| 2. 변화된 모습을 보이면 바로 칭찬해요. "스스로 해볼 생각을 했구나." "힘들었을 텐데 끝까지 했구나." "피곤할 텐데 숙제부터 하다니!" | 2. 카운트다운을 시작하세요. "잠자기 전까지 숙제할 수 있는 시간이 세 시간 남았네." "잠자기 전까지 숙제할 수 있는 시간이 30분 남았네." |
| 3. 아이가 지속적인 행동을 보이지 않거나 어설프더라도 '넌 열심히 하는 아이' '넌 스스로 하는 아이'라는 인정의 메시지를 계속해서 전달하세요. | 3. 아이가 해야 할 일을 하지 않더라도 카운트다운 중간중간에 자꾸 잔소리하지 마세요. |
| | 4. 다음날 학교 가는 아이에게 물어보세요. "오늘 가져갈 숙제는 어떻게 됐니?" |
| | 5. 아이가 도와달라고 해도 도와주지 마세요. 한번 도와주면 그런 일은 앞으로도 계속 반복됩니다. |

# 우울:
## "내 인생은 왜 이 모양인지"

미영 씨는 다시 회사를 다니기 시작한 5년 차 직장 맘입니다. 잘 다니던 직장을 그만두고 아이 둘을 낳은 후, 다시 대기업에 경력직으로 채용된 운 좋은 케이스죠. 경력자로 입사한 경우라, 남들보다 더 열심히 일해 '꼭 인정받으리라' 의욕이 넘칩니다. 결혼 전 다니던 회사에서도 나름대로 '핵심 인재' 소리를 듣던 미영 씨라 업무 적응은 그다지 어렵지 않았습니다.

그런데 직장 일과 가사를 병행하는 것이 예상보다 힘들 수 있다는 걸 새삼 절실히 느끼고 있습니다. 결혼 전에는 전혀 신경 쓸 일이 없었던 문제들이 등장하기 시작한 거죠.

회사에서 돌아온 미영 씨는 아이 둘을 책상에 앉히고 숙제 점검에 들어갑니다. 하지만 마음 한 켠에서는 다른 팀원들은 아직 회사에 남아 일을 하고 있는데 아이들 때문에 먼저 들어온 것이 내내 마음에 걸립니다.

"오늘 선생님이 내주신 숙제가 뭐야? 다 꺼내 봐."

아이들이 주섬주섬 숙제를 챙겨 가져옵니다. 다 했냐는 물음에 아이들은 다행히 "네!" 합니다. 알림장을 확인한 후, 아이들이 해놓은 숙제 상태를 살펴보니 갑자기 열불이 치솟아요.

"다 하긴 뭘 다 해? 일기만 써놓고 다른 건 하나도 안 했잖아!"

아이들은 그제서야 알림장을 확인하더니 공책을 뒤적이기 시작합니다. 미영 씨는 문득 회사의 팀원들 얼굴이 떠오릅니다. 퇴근하면서 먼저 가겠다고 인사하자, "예, 먼저 가세요. 남은 건 저희가 마무리할 테니 걱정 말고 들어가 아이들 잘 챙기세요" 하던 팀원들. 그런데, 그 순간에는 고맙다고 느껴지던 말들이 지금 생각에는 왠지 비아냥인 것만 같습니다. 미영 씨는 볼펜을 책상 위에 탁 내려놓으며 자포자기하듯 말합니다.

"휴우! 관두자, 관둬. 내가 무슨 부귀영화를 누리겠다고 이 고생을 하는지…. 숙제하지 마. 억지로 시킬 생각 없어. 다 관둬!"

아이들은 엄마의 눈치를 살피며 주눅이 듭니다.

미영 씨는 신체적으로나 감정적으로 빠르게 지쳐가고 있어요. 의

욕은 앞서는데 여건이나 상황이 따라주지 않으니 몸도 마음도 피곤해져서 짜증이 나고요. 뜻한 대로 상황을 이끌어나갈 수 없을 때 사람은 당연히 좌절감이나 우울함을 느끼게 되는데요. 결국 우울해진 미영 씨는 "다 관두자"라는 자포자기식 말로 아직 어린 아이들에게 죄책감까지 심어주게 됐어요.

엄마가 본인 앞에서 한숨을 쉬며 축 늘어지는 모습을 본 아이는 엄마를 그렇게 만든 게 자기라고 생각합니다. 숙제도 안 해놓고 말도 안 들었으니 엄마를 괴롭혔다고 생각해요. "숙제고 뭐고 다 그만둬"라는 말에, 엄마가 드디어 나를 포기하는가 보다 걱정도 합니다. 이러다가 어쩌면 엄마가 나를 진짜로 미워하면 어쩌나 불안해지기도 하지요.

양육자가 지친 모습이나 우울해하는 모습을 아이 앞에서 자주 보이면, 아이의 마음에도 그늘이 지기 시작합니다. 만약 다른 아이들보다 조금 예민한 성향이라면, 매사에 부모의 눈치를 슬금슬금 보게 되기도 하고요.

부모, 양육자의 역할은 결코 쉽지 않아요. 더구나 직장과 가정에서 두 가지 역할을 동시에 해내야 하는 맞벌이 엄마라면 그 고충은 더 말할 것도 없지요. 회사 일이 바쁘다고 맘 편히 야근하기도 어렵고, 늘 정시 퇴근을 하자니 상사나 동료, 부하 직원의 눈치가 보일 때도 있습니다. 게다가 집에 와서는 "아무리 바빠도 아이에게 최소한의 신경은 써줬으면 좋겠어"라며 눈치를 주는 배우자나 가족들의 말에 자꾸 위축되지요.

계절이 바뀌었는데도 아직 옷 정리를 하지 못해서 아이가 철에 안 맞는 옷을 입고 있는 모습을 보거나, 준비물을 제대로 챙겨가지 못하는 일이라도 생기면 마음이 대번 싱숭생숭해집니다. '내가 지금 잘하고 있는 걸까?' 자꾸 되묻게 되고요.

그렇다면 현재 상황에서, 미영 씨가 가정과 직장을 병행할 수 있는 좋은 방법이 있을까요? 예, 당연하지요. 방법이 있습니다. 엄마인 미영 씨가 욕심을 내려놓아야 합니다.

미영 씨가 회사에서 핵심 인재로 인정받으며 자신의 역량을 제한 없이 발휘하면 좋겠지요. 한편, 집에서는 내 아이가 조금의 부족함도 느끼지 않도록 완벽한 양육 환경을 만들어주면 더할 나위 없겠고요. 하지만, 현실적으로는 불가능합니다. 아무리 강철 같은 신체와 정신력이 있다고 해도, 인간에게는 어쩔 수 없는 한계가 있으니까요. 물론, 단기간은 그렇게 할 수 있을지 몰라요. 하지만 곧 머지않아 몸도 마음도 완전히 번아웃이 오고 말 거예요. 열심히 노력한 내 진정성을 몰라주는 회사와 가족들에게 서운한 마음이 들고요.

그러니, 어쩔 수 없는 상황에 대한 답답함과 타인에 대한 서운함 등에 얽매여 있기보다는 의도적으로 생각을 바꿔주세요. 스스로에게 이렇게 이야기해 주세요.

"난 직장에 다니면서 육아도 잘 해낼 거야. 당연히 부족할 수 있겠지! 하지만 점점 좋아질 거야. 기운 내자!"

인생을 살아가면서 때로는 다양한 역할을 동시에 해내야 할 시기가 생겨요. 당연히 힘이 들지요. 이럴 때는 절대 욕심을 부리지 말아요. 그냥 있는 그 자리에서 균형을 잡으며 버텨주시는 것만으로도 충분해요. 이것만으로도 참 대단하고 대견한 일이니까요.

더불어 한 가지 꼭 기억하실 점은, 아이들 앞에서 '될 대로 되라' 식의 한탄을 늘어놓으시면 안 된다는 거예요. 이건, 어릴 때부터 쉽게 우울해지는 방법, 쉽게 좌절하는 방법을 부모가 직접 가르치는 것과 다름없으니까요.

**당신은 잘하고 있어요, 눈치 보지 말아요**

- 가정과 직장을 병행하고 있다면 몸뿐만 아니라 감정도 지쳤을 거예요. 당연합니다. 이 세상에 슈퍼맨, 슈퍼우먼은 없으니까요.
- 상사의 눈치가 좀 보여도 아무 생각 말고 원래 생각한 대로 정시 퇴근하세요. 그리고 마음속으로 속삭이세요.

  '난 내 상황에 최선을 다하고 있어. 난 잘하고 있어.'

# 우울함을 이겨내는
# 좋은 표현법

부모가 우울함을 느낄 때 무조건 감출 필요는 없습니다. 부모가 입으로 말하지 않아도, 아이가 이미 부모의 표정과 분위기로 알고 있을 확률이 높으니까요. 오히려 힘들어 보이는 부모가 아닌 척 연기하면, 아이는 이유를 모르니 더 불안해할 수 있습니다.

　　마음이 힘들 땐 아이에게 이렇게 감정을 공유해 주세요. 강하고 센 표현보다는, 솔직하면서도 과하지 않은 단어들을 사용하시면 됩니다.

- **이렇게 말해보세요**

| 안전한 표현 | 위험한 표현 |
| --- | --- |
| "오늘은 회사에서 속상한 일이 있어서<br>마음이 조금 힘들었어." | "휴우…",<br>(땅이 꺼질 듯한 한숨) |
| "숙제를 미리 안 해놓으니까 엄마가 속상하다." | "다 관두자, 관뒤." |
| "계속 어지르니, 엄마가 청소할 힘이 생기지 않네." | "아유, 지겨워! 이제 청소 안 해!" |

# 집착: "알지? 엄마한테는 네가 전부야"

제가 아는 윤경이 엄마의 이야기입니다. 이분은 남편과의 관계가 그다지 좋지 않습니다. 짧은 연애 후에 결혼했는데, 살다 보니 성격이 너무 안 맞는다고 했습니다.

자상한 줄 알았던 남편은 결혼 후 사소한 일에도 시시콜콜 간섭을 했고요. 또 사람들과 어울리는 걸 싫어하는 남편의 성격 탓에, 아내는 다른 사람들과 어울릴 기회를 거의 갖지 못했다고 합니다. 남편은 친정 식구들과도 서먹하게 지냈는데요. 그 때문에 피할 수 없는 행사가 있는 날이 아니면 친정 가족들과 만나기도 어려웠습니다.

기댈 곳 없이 외롭다고 느낀 윤경이 엄마는 윤경이가 태어난 후 모든 관심을 아이에게 쏟기 시작했지요. 지금까지의 결혼 생활에서 행복을 느끼지 못했던 윤경이 엄마에게 딸은 그야말로 눈에 넣어도 아프지 않을 보물이었어요. 윤경이 엄마는 아이에게 좋다는 건 다 사줬습니다. 아기 때는 비싼 유기농 먹거리며, 물고 빨아도 해롭지 않다는 수입 장난감, 한 벌에 수십만 원씩 하는 아기 옷까지 주저 없이 샀습니다. 아이 두뇌 발달에 좋다는 책은 물론이고, 영어유치원도 가장 시설 좋기로 유명한 곳을 찾아 보냈습니다.

윤경이가 초등학교에 들어가자, 윤경이 엄마는 영어와 수학 과외를 시작한 것은 물론이고 바이올린, 하키까지 가르치기 시작했어요. 아이가 사달라고 하면 게임기든 노트북이든 아낌없이 사줬습니다.

사실 부모라면 누구나 아이에게 최선을 다하고 싶어 합니다. 대개는 돈이나 그 외 여건이 부족해 원하는 만큼 해주지 못하는 법인데, 윤경이 엄마는 본인이 가진 모든 걸 다 쏟아붓는 것처럼 보였어요. 그래서 주변 사람들은 윤경이 엄마를 보면서 많이들 안타까워했습니다. 누가 봐도 윤경이 엄마의 모든 시간과 관심은 온통 딸로 가득 차, 그 자신의 삶은 없는 것처럼 보였거든요.

아직 윤경이는 초등학생이라 잘 모르겠지만, 아이가 점차 성장하면서 이런 엄마의 정성이 어느 순간 부정적으로 작용하기 시작할 때가 오게 됩니다. 누구라도 그러지 않을까요? 누군가가 오직 나만 바라보고 내게 집착한다면 밀어내고 싶은 법이지요. 윤경이는 점점 엄마의 존재를 부담스러워하며 자신에게서 밀어내려 할 거예요. 어쩌면 중학생이 되자마자 엄마에게 이렇게 말할지도 모르지요.

"엄마, 제발! 그만 좀 하세요. 이제 저한테 신경 좀 끄시라고요."

그러면 엄마는 말하겠죠.

"난 너 하나만 바라보고 살았는데, 네가 어떻게 그런 말을 하니?

드라마에서도 흔히 등장하는 대사죠. 그런데 실제 주변에서도 자주 일어나는 일이랍니다.

이러한 집착이라는 감정에 휘둘리게 되면 상대방도 힘들지만, 사실 집착하는 사람이 누구보다 가장 힘듭니다. 아이는 언젠가 부모의 품을 떠나게 됩니다. 이건 분명한 사실이지요. 요즘 아이들은 워낙 성숙해서 초등학교 고학년이나 중학생만 되어도 부모로부터 정신적으로 독립하고 싶어 합니다. 물론 부모로서 쉽게 인정하고 싶지 않겠지만, 아이는 내가 낳았을 뿐 내 소유는 아니에요. 따라서 집착은 부모 자신을 피폐하게 만들고 아이와의 관계도 망친다는 걸 매 순간 의식적으로 기억하셔야 해요.

아이를 키우는 부모가 자녀에게 모든 관심과 시간을 투자하는 건 당연한 일입니다. 갓 태어난 아기가 돌을 지나고 제 손으로 옷을 입기까지, 아주 많은 시간 동안 아이는 보호자의 손길을 필요로 하니까요. 하지만 언제까지나 품 안의 아기일 수는 없습니다. 아이가 성장하면서 자신의 힘으로 삶을 하나하나 이뤄나가면, 부모도 조금씩 관심의 대상을 다른 쪽으로 돌려야 합니다.

그러니 여러분 자신을 위해 제 이야기를 꼭 기억해 주세요. 내 삶에서 엄마의 역할, 부모의 역할만 존재하는 것은 아닙니다. 나는 단지 누군가의 엄마만이 아니라 한 여성, 누군가의 딸, 누군가의 아내, 누군가의 친구, 공동체의 일원, 조직의 구성원이라는 걸 잊지 마세요.

그렇다고 아이를 떼어놓고 아이에 대한 관심까지 끊은 채 '진정한 자아'를 찾아 나서라는 게 아니에요. 다만 아기가 태어나기 전에 내가 좋아했던 것, 흥미를 가졌던 일, 하고 싶었던 운동, 나를 몰입하게 했던 무언가를 떠올려보세요. 운동이든, 뜨개질이든, 그림이든, 악기든 상관없습니다. 나를 위한 무언가를 지속하거나 새롭게 시작하자고 지금 마음먹으세요. 아이에게 집착하지 말자고 스스로를 들볶는 것보다는 내가 좋아하는 무언가에 조금씩 눈을 돌리는 것이 집착을 줄이는 좋은 방법입니다.

---

**집착에서 벗어나기 위해 기억해야 하는 것들**

- 나는 '부모' '양육자'이기만 한 건 아니에요.
- 나는 누군가의 양육자일 뿐만 아니라, 다양한 역할들을 수행하며 살아가는 사람입니다.
- 아이만 바라보며 살지 마세요. 누군가를 위한 희생도 의미 있지만, 내 삶을 즐겁게 가꾸며 사는 것도 그 못지않게 중요하니까요.

| 양육자 감정 카운슬링 | 아이에 대한 집착에서 벗어나는 방법 |
|---|---|

나에게 매우 소중한 아이에 대한 집착을 버린다는 게 말처럼 쉬운 일은 아닙니다. 혹 주변에서 아이에 대한 집착이 강하다는 이야기를 듣는 편이라면, 한 번쯤 자신을 돌아볼 필요가 있어요.

아이는 엄연히 나와 분리된 인격체입니다. 아이의 성공이 곧 나의 성공이라는 생각은, 나중에 아이가 성장했을 때 큰 허무함만 남겨줍니다. 우선 아래 질문들에 답을 적어보면서 생각을 정리해 보세요. 눈으로만 보는 것보다는 직접 적어보는 것이 훨씬 효과적입니다.

- **이렇게 말해보세요**

  1. 하루 중 아이에 대한 생각 없이 나 자신만을 위해 투자하는 시간이 얼마나 되나요(읽고 싶은 책을 읽거나 좋아하는 운동을 하는 시간 등)? 만약 운동을 하면서도 아이에 대한 생각에 붙잡혀 있거나 아이를 위한 계획을 짜고 있다면, 그건 나만의 시간이라고 볼 수 없습니다.

     > • 나를 위한 투자 시간(하루 기준):
     > • 나만을 위해 한 일:

  2. 앞으로 15년 후, 아이가 나로부터 감정적으로나 물리적으로 독립했을 때의 상황을 상상해 보세요.

- 15년 후 나의 나이:

- 15년 후 아이의 나이:

- 15년 후 아이는 어디서 누구와 살고 있을까요?:

- 15년 후 나와 아이 모두의 행복한 삶을 위해, 나는 어떤 마음가짐을
  가져야 할까요?:

3. 하루 중 일정 시간 동안 나만을 위한 무언가를 해보고 싶다면, 미리 계획을
   짜보세요. 한 번쯤 배우거나 해보고 싶었던 것이 있었나요? 어느 정도의 시
   간이 필요할까요?

- 해보고 싶은 일:

- 예상 소요 시간:

- 이를 실천하기 위한 나의 결심:
  예시) "나만의 시간을 확보하자!" "나를 아껴주자!" 등

# 부러움:
# "다른 애들은 안 그런다더라"

예전부터 부모들이 자주 하던 말이 있는데요. 그건 바로, "다른 애들은 안 그러는데 넌 대체 왜 그러니?"입니다. 아이가 밥을 잘 먹지 않을 때, 공부를 열심히 하지 않을 때, 일찍 잠자리에 들지 않을 때, 게임을 많이 할 때, 편식할 때, 산만할 때 등. 순간순간 부모는 자녀를 다른 아이와 비교합니다.

그 대상도 참 다양하지요. 같은 반 아이, 형이나 동생, 아이는 한 번도 본 적 없는 엄마 친구의 아들, 위인전에 나오는 인물 등. 심지어는 어린 시절의 부모 자신과도 비교합니다. 아이의 변화된 행동을 이끌어내기 위한 가장 쉬운 방법이라고 생각하기 때문이에요. 하지만 우리는 누구나 비교될 때의 심정을 잘 알고 있어요.

"내 친구 아내는 매일 아침밥을 챙겨준다는데, 당신은 왜 그래?"

"우리 반 애들 엄마들은 학교에도 자주 오는데, 왜 엄마는 안 와요?"

"다른 집 남편들은 설거지랑 집안일도 다 해준다던데…"

"다른 아빠들은 휴일에 애들이랑 놀이동산도 가고 운동도 같이 한대요."

남편이나 아내의 입장에서, 또는 부모의 입장에서 이런 말을 들으면 어떤 느낌이 드세요? 일단 기분이 나쁘죠. 말하는 사람의 의도가 무엇이든, 듣는 사람은 화부터 납니다. 사실 누군가와 비교하는 말은 대개 '더 잘하라'는 의도에서 나오는 것이지만, 듣는 사람은 비교당했다는 사실 때문에 바로 기분이 상합니다.

게다가 이런 비교는 사실 아무런 의미가 없습니다. 옆집 아이가 어른들에게 인사는 잘할지 몰라도 우리 아이에게 없는 편식 습관이 있을지도 모르고요. 공부 잘하는 형은 성격이 외곬수일 수도 있습니다. 또 동생은 밥은 잘 먹지만 차분히 독서할 줄은 모를 수도 있으니까요.

잘 아시는 것처럼, 아이는 아이마다 장단점이 분명히 다릅니다. 아이의 한 가지 면만 보고 섣불리 판단하고 비교하면 안 되는 이유이기도 하죠.

## 아이만의 장점을 바라봐 주세요

아이가 공부를 못해서 걱정일 수도 있지만, 그렇다고 지금 공부를 잘하는 옆집 아이가 사회에 나가 출세하고 성공할 거라는 보장은 없어요. 오히려 다양한 경험을 해보지 못한 채 정해진 규칙 속에서 자란 모범생은 예상치 못한 상황에 직면했을 때 대처하는 능력이 부족할 수도 있지요. 한치 앞을 내다보지 못하는 요즘 같은 환경에서는 유연함과 융통성 등이 훨씬 더 강력한 성공 요인이 될 수 있습니다.

실제로 성공한 사람들 중에는 엉뚱하고 왕성한 호기심으로 새로운 트렌드를 재빨리 받아들이고 접목시켜 자기 영역에서 최고가 된 사람들이 많습니다. BTS의 멤버인 RM(김남준), 영화 〈아바타*Avatar*〉를 만든 제임스 캐머런 감독, 마이크로소프트의 빌 게이츠, 애플의 스티브 잡스 등이 대표적이죠. 이들의 공통점이 뭔지 아세요? 대학을 가지 않았거나 중퇴했다는 거예요.

많은 사람이 사회에서 제대로 자리 잡고 성공하려면 반드시 대학을 나와야 한다고 생각합니다. 물론 대학에서 배우는 것이 적지는 않아요. 하지만 대학 코스가 '반드시'라고 할 정도로 누구나 똑같이 거쳐야 하는 과정은 아닙니다.

여전히 전설적인 인물로 회자되는 스티브 잡스는, 어린 시절 새로운 것을 유난히 좋아하는 아이였습니다. 그래서 정해진 규칙보다는 새로운 시도를 좋아했죠. 그런 어린 잡스를 누군가 보았다면, 커서 밥벌이도 제대로 못할 거라고 생각했을지도 모릅니다.

실제로 창의적인 사람들은 여러 각도에서 다양한 시선으로 문제를 바라보기 때문에 때로는 엉뚱해 보이기도 합니다. 또한 즐겁게 놀 줄 안다는 특징도 보이지요. 솔직히 아이를 기르는 부모 입장에서 자녀가 남들과 다르면 좀 걱정스러운 부분도 있어요. 그러다 보니 오히려 아이의 호기심과 창의성을 앞장서서 꺾는 부모들이 많고요.

하지만 더 이상 다른 아이들의 장점과 비교하며 자녀에게 열등감을 심어주지 마세요. 수시로 비교당하다 보면 언젠가 아이가 "그러는 엄마는요?" 하며 반문하는 날이 올 수도 있습니다. 비교는 아이의 자존심만 다치게 할 뿐, 동기 유발에도 전혀 도움이 되지 않기도 하고요. 우리 아이만의 독특한 장점을 만드는 게 인생에서 성공하는 비결입니다.

내 아이를 남의 아이와 비교하면 아이도 힘들지만, 엄마의 마음 역시 편할 날이 없어요. 부러움에는 끝이 없고, 시간이 갈수록 마음에는 부정적인 감정만 쌓이게 되거든요. 지금, 책을 잠시 내려놓고 아이를 바라봐 주세요. 같은 반 또래보다 키가 작고 인내심은 부족하지만, 교우 관계가 좋고 사람들과 금방 친해지지는 않나요? 광고에 나오는 아이처럼 코가 오뚝하거나 옆집 아이처럼 눈이 크지는 않지만 오목조목 귀염성 있는 모습은 아닌가요?

사랑에 빠져 결혼을 앞둔 연인처럼, 그냥 콩깍지가 씐 것처럼 아이를 있는 그대로 바라봐 주세요. 내 아이는 이미 존재 자체만으로도 부모에게 축복이고 자랑입니다. 자녀를 비교하는 순간부터 내 마음의 평

화는 사라지고, 내 아이의 마음속은 열등감으로 가득해질 거예요. 오늘부터 비교는 금물입니다!

### 아이의 의지를 꺾는 비교는 이제 그만!

- 부모들은 비교하면 아이가 자극을 받아 의지가 더 불타오를 거라고 믿습니다. 하지만 비교는 그저 기분을 상하게 할 뿐입니다. 아이의 자존심만 다치게 하고, 긍정적인 효과는 없어요.
- 아이들마다 강점과 약점이 모두 달라요. 비교하기보다 아이가 자신이 가지고 있는 강점을 더욱 살릴 수 있도록 칭찬과 격려를 해주세요.

# 세상에서 하나뿐인
# 우리 아이 강점 찾기

아이의 강점을 곰곰이 생각하고 적어보세요. 무조건 열 가지를 채워주세요. '아무리 생각해도 우리 아이는 잘하는 게 별로 없는데…'라고 생각하지 마세요. 양육자가 애정과 관심을 가지고 찾으면 100가지도 넘게 찾아낼 수 있답니다. 여기서 한 가지 힌트를 드리면, 강점과 약점은 단지 바라보는 관점의 차이일 뿐이라는 거예요. 그러니 편견을 갖지 마시고 내 아이에게서 좋은 점들을 찾아내 주세요.

　다 적은 다음에는 크게 확대해서 벽에 붙여놓으세요. 그리고 부모의 바람과는 다르게 행동하는 아이 때문에 실망스러울 때마다 강점 리스트를 바라봐 주세요. 내 아이는 강점이 많은 아이입니다!

---

**우리 아이의 강점 찾기**

1.

2.

3.

---

　또 아이의 강점을 적은 내용을 아이에게도 보여주세요. 그리고 "네가 잘하는 것들을 적어보니까 이렇게 많더라"라고 말해주세요. 아이가 스스로에 대해 큰 자부심을 갖게 되는 것은 물론, 많이 행복해할 거예요. 아이가 행복감을 느끼면 매사에 최선을 다할 의지도 생긴답니다.

# 불안:
# "이러다가 우리 애만 뒤처지는 거 아니야?"

양육자의 유형은 크게 세 가지로 나누어 볼 수 있습니다. 첫 번째 유형은 열혈형입니다. 어느 학원이 좋다더라, 요즘은 무얼 가르쳐야 한다더라 등 교육적인 면에서 정보 입수도 빠르고 그만큼 아이에게 가르치는 것도 많지요. 이런 열혈형 부모가 주변에 있으면, 다른 부모들의 마음은 자주 불편해집니다. '우리 아이는 이대로 둬도 괜찮을까?' 하는 불안이 가중되니까요.

두 번째는 방목형입니다. 이 유형의 양육자는 "요즘 부모들은 너무 극성이야. 그런다고 애들이 잘 크나? 애들은 알아서 크게 되어있어"

라고 말하죠. 이렇게 말하는 부모들은, 본인 또한 부모의 큰 지원 없이 자란 경우가 많습니다. 그래서 자신이 그랬듯이 자녀도 비슷할 거라고 생각합니다. 어지간하면 아이에게 간섭하지 않고 내버려두지요.

세 번째는 갈등형입니다. 이도 저도 아닌 중간에서 우왕좌왕하며 갈등하는 유형인데요. 이 유형의 부모들은 열혈형 부모를 만나면 당장이라도 무언가를 시작해야 할 것 같은 마음에 아주 조급해져요. 그러다가도 방목형 부모를 만나면 금방 '그래, 부모가 안달한다고 해서 아이가 잘 크는 건 아니야' 하며 생각을 바꿉니다. 대다수의 부모가 이런 애매모호한 갈등형에 속합니다.

실제로 주변을 살펴보면, 심지가 굳은 일부 방목형 부모를 제외하고는 대부분의 부모가 우리 애만 뒤처지는 건 아닐까 늘 불안해하세요. 방에 누워서 장난감을 가지고 노는 아이를 보면 이 시간에 다른 애들은 학원에 가있을 거라는 생각에 마음이 조급해지고요. 그래서 바로 아는 엄마에게 전화를 걸어 괜찮은 학원을 소개받습니다. 같은 반 아이가 샀다는 전집 이야기를 들으면 고민하지 않고 구매하기도 하지요.

이런 갈등형 부모의 불안은 고스란히 아이에게 전달됩니다. 어떤 아이는 놀다가도 문득문득 '내가 지금 뭔가 할 일이 있는 거 같았는데 뭐였지?' 하며 불안해합니다. 평소 아빠나 엄마로부터 "너 할 일 다 하고 노는 거야?"라는 질문을 자주 듣다 보니, '혹시 내가 해야 할 거 없나?' 생각하는 게 습관이 되어버린 거죠.

아이 스스로 본인의 할 일과 빼먹은 게 없는지를 챙기니 바람직하다고 생각할 수도 있어요. 하지만 이런 불안은 자기 주도 능력과는 다릅니다. 왜냐하면 아이는 공부나 숙제가 아닌 다른 것을 할 때면 늘 찜찜하고 불안한 것이기 때문입니다. 그래서 눈앞의 일이 무엇이든 제대로 집중하지 못합니다. 결국 노는 것도 아니고 공부하는 것도 아닌 상태로 시간을 보내지요. 그러다 보면 아이는 마음을 활짝 열고 신나게 노는 방법을 잊어버립니다.

놀 때 잘 노는 사람이 일도 잘한답니다. 놀고 쉬는 동안, 스트레스도 해소하고 머리도 쉴 수 있기 때문이지요. 1년 365일 내내 돌린 기계는 한번 고장나면 고치기가 어렵습니다. 하지만 적절한 때에 멈추어 기름칠하고 손질한 기계는 고장도 잘 나지 않고 수명도 오래가는 법이거든요.

아이의 머리도 마찬가지예요. '수학 숙제 해야 하는데…' '영어단어 외워야 할 텐데…' 등의 생각이 아침부터 저녁까지 머리에서 떠나지 않으면, 아이는 오히려 공부에 염증을 느끼게 됩니다. 실제로 공부한 시간은 30분밖에 안 되는데, 아이가 느끼기에는 마치 하루 종일 한 것만 같지요. 너무 일찍부터 공부에 질리고 말아요.

경영학의 조직론에서는 사람들이 모이는 집단에서 의사결정과 관련하여, 집단사고Group Think라는 재미있는 현상이 발생한다고 봅니다. 미국의 심리학자 솔로몬 애시Solomon Asch 교수는 이 집단사고에 대한 실제 실험을 진행했는데요. 일반 사람들 사이에 연구진들을 몰래 섞어놓은 후, 하나의 선을 보여주면서 보기 중 어떤 것과 길이가 같은지

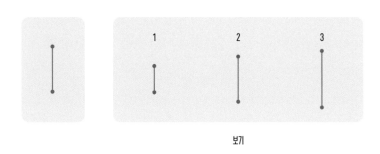

보기

물었습니다.

　답은 누가 봐도 2번입니다. 그런데 이때 사람들 속에 섞인 연구진들은 의도적으로 1번 혹은 3번이라고 손을 들었어요. 그러자 정말 신기하게도 처음에는 명백히 2번을 답으로 생각했던 사람들 대다수가 1번이나 3번으로 마음을 바꿨습니다. 자신의 판단을 믿지 않고, 다수의 결정을 그냥 따랐던 것입니다. 이 실험은 자기가 옳다고 생각했더라도 주위 대다수의 의견이 다르면 그에 따라 생각이 흔들린다는 집단사고의 대표적인 실험으로 꼽히고 있어요.

　우리 주변에는 유명한 교육 전문가, 선생님, 학습 컨설턴트, 교육에 해박한 지식을 가진 엄마들까지 많은 사람들이 있습니다. 모두 발 빠르게 교육 정보를 습득하는 사람들이자, 자녀를 키우는 많은 부모에게 크고 작은 영향력을 미치는 분들이죠. 하지만 교육에 대한 정보나 지식은 그 사람들이 더 많을지 몰라도, 내 아이에 대해서는 부모인 나만큼 자세히 모릅니다. 내 아이의 성향, 성격적 예민함, 강점과 개선점, 생활습관, 감정 상태 등은 양육자가 가장 정확하게 파악하고 있지요. 따라서 전문가의 의견은 참고하되, 결국 내 아이를 어떤 방식으로 키울지는 자신의 소신대로 해야 후회가 없어요.

**나는 어떤 부모일까?**

- **열혈형 부모**   아이의 성공은 부모 하기에 달려있다고 생각해요. 좋은 학원 등 학업과 관련된 정보에 민감하며, 아이의 스케줄을 꼼꼼하게 짜서 관리합니다.

- **방목형 부모**   부모가 열심히 한다고 해서 아이가 성공하는 건 아니라고 생각해요. 대개는 양육자 본인이 부모의 큰 지원 없이 성공한 경험을 갖고 있어요. 아이의 학업이나 생활에 그다지 간섭하지 않습니다. 자칫, 방임하는 것으로 보이기도 해요.

- **갈등형 부모**   어떻게 하면 좋을지 몰라 늘 불안해합니다. 주변 이야기에 쉽게 휩쓸려, 좋다는 학원을 보냈다가 금방 생각이 바껴서 그만두기를 반복해요.

# 불필요한 불안감을 없애는 ABCD 기법

미국의 심리학자인 앨버트 엘리스Albert Ellis 박사는 자기 스스로를 긍정적으로 상담하면서 근거 없는 불안을 없애고 감정을 다스리는 ABCD 기법을 만들었는 데요. 한번 보실까요?

**A** Activating Event - 현재 아이의 성적, 태도, 특정 행동 등 아이와 관련된 현상

**B** Belief - 아이와 관련된 현상을 통해 부모가 갖게 된 믿음이나 확신

**C** Consequence - 부모의 생각이나 행동으로 인해 느끼게 되는, 부모와 아이의 감정이나 결과

**D** Dispute - 스스로에게 해주는 말

누군가 나에게 고민을 이야기하며 상담하는 상황을 예로 들어볼까요? 혹 어떤 사람이 "저희 아이는 수학을 잘 못해요"라고 하소연하면, 보통 어떻게 상담해 주나요? 대부분은 상황을 긍정적으로 해석하여 답해주지요. "아직 아이 나이가 어리잖아요. 속단하기는 일러요. 국어나 사회 같은 다른 과목들 성적은 괜찮다면서요?"라고 말해줄 겁니다. 이렇게 다른 사람의 문제를 상담할 때 긍정적인 관점을 유지하듯, 내 문제에 대해서도 긍정적으로 스스로를 상담해 주는 것이 ABCD 기법입니다.

지금부터 아래의 예시를 보고 ABCD 표에 최근의 상황을 정리해 보세요. 특히 현재 부모가 느끼고 있는 불안감에 대해 D란에 긍정적으로 답을 작성해 주시고요.

| | | |
|---|---|---|
| A | 현재 아이와 관련된 부정적인 상황 | 아이가 학교에서 돌아와서, 바로 숙제하지 않는다. |
| B | 그에 따른 양육자의 믿음 혹은 태도 | 공부하기 싫어서 숙제를 안 하려는 게 뻔하다. |
| C | 결과적으로 양육자와 아이가 느끼는 감정 혹은 결과 | 부모인 나는 그런 아이를 보며 짜증을 낸다. 아이는 나를 자꾸 피하려 한다. |
| D | 양육자 자신과의 긍정적인 상담 | 하교 후에 바로 숙제하려니 아이가 피곤해서 그런 걸 거야. 그리고 책상에 앉기까지 시간이 걸리지만, 그 이후엔 숙제를 잘 끝내고 있어. |

# 실망:
# "네가 하는 일이 다 그렇지, 뭐"

초등학교 3학년인 원재에게는 세 살 위의 형이 있습니다. 형은 공부를 잘합니다. 엄마가 공부하라고 시키지 않아도 스스로 공부하고, 시험을 보면 늘 100점을 맞고는 합니다. 그래서 형은 항상 엄마의 자랑입니다. 사실 원재가 엄마라고 해도 형이 좋을 수밖에 없을 것 같아요.

형은 아빠를 닮아서 키도 큽니다. 형에 비하면 원재는 키도 작고 좀 통통한 편입니다. 그리고 원재는 솔직히 공부가 별로 재미없어요. 공부보다는 친구들이랑 노는 게 100배 더 신나거든요. 엄마는 원재를 보며 "노는 데 미쳤다"라고 합니다. 노는 걸 좋아하기는 하지만 그렇다고 노는 데 미친 것까지는 아닌데, 엄마가 그렇게 말하면 기분이 안 좋아집니다.

원재는 형보다 공부는 잘 못하지만 친구는 훨씬 더 많답니다. 그리고 반에서 인기도 꽤 좋아요. 왜냐하면 장기자랑에서 원재는 친구들을 웃겨주기 때문이죠. 반 친구들은 원재가 이야기를 하면 배꼽이 빠질 것 같다며 좋아합니다.

오늘은 특별히 엄마의 생신입니다. 형은 벌써 선물을 준비했나 봐요. '엄마께 뭘 사드리면 좋아하실까?' 원재는 그동안 간직해 온 저금통에서 돈을 꺼내 세어보았습니다. 3만 2,000원이 들어있네요. 원재는 그중 1만 원을 꺼내 들고 학교 앞 문구점으로 갔습니다. 선물로 무엇을 살지 고민하며 둘러보는데, 반짝거리는 보석이 붙은 액세서리 함이 보였습니다.

'음, 이거라면 엄마가 좋아하실 것 같은데?'

엄마는 보석을 좋아하거든요. 가격을 물어보니 3,000원이라네요. 와! 보석이 박힌 것 치고는 값이 싸서 다행이에요. 원재는 1만 원을 내고 거스름돈 7,000원을 받았습니다.

문구점을 막 나오려는데, 원재의 눈을 사로잡는 물건이 있었습니다. 바로 새로 나온 애니메이션 피규어 신상! 워낙 인기 있어서 구하기 힘든 건데, 오늘 물건이 들어왔다고 문구점 아저씨가 설명해 주셨어요. 얼마냐고 물으니 한 박스에 7,700원이라고 합니다. 원재는 잠시 망설였지요.

'7,700원이면 큰돈인데, 이걸 사면 엄마한테 혼나지 않을까?'

원재는 가슴이 막 뜁니다. 너무너무 사고 싶습니다. 그때 주인 아저씨가 그냥 6,000원에 가져가라고 친절하게 말씀해 주셨어요. 원재는 결국 물건을 사고 말았습니다. 한 손에는 엄마 선물, 한 손에는 피규어 박스를 들고 집으로 돌아옵니다.

집에 오니 엄마가 계셨어요. 원재는 엄마를 기쁘게 해드리려고 얼른 선물을 갖다 드렸습니다.

"엄마, 생신 축하드려요."

엄마가 원재를 보며 웃어주십니다. "어유, 우리 아들!" 하며 안아주려 합니다. 그러다 갑자기 원재 손에 들려있는 피규어를 발견하고는 눈을 크게 뜨며 바라보셨어요.

"이게 뭐야, 너 또 샀어?"

엄마는 눈을 가늘게 뜨고 원재를 흘겨보며 혀를 쯧쯧 찹니다.

"그럴 줄 알았어. 네가 그럼 그렇지…."

원재가 변명을 하려 했지만 때는 이미 늦은 듯합니다. 일부러 산 게 아니라 엄마 선물을 고르다가 우연히 사게 되었다는 원재 말을 믿어주지 않을 테니까요.

사실 원재 엄마의 행동을 전혀 이해할 수 없는 건 아닙니다. 오랜만에 아이가 칭찬받을 행동을 했다고 생각했는데, 그게 아니었다는 생각이 들면 실망스러운 기분이 들기도 하니까요. 실망은 기대했던 일이나 사람의 행동이 자신의 기대 수준에 미치지 못했을 때 느끼는 허탈감입니다. 그리고 대개 실망했을 때 '기가 막혀서'라든가 '그럴 줄 알았어' 같은 표현과 비웃음으로 감정이 드러나게 되지요. 그래서 원재 엄마도 "네가 하는 일이 다 그렇지"라는 말이 튀어나왔을 거예요.

하지만 부모가 실망감을 이렇게 비웃는 말투로 드러내면 아이는 마음에 상처를 입습니다. 비웃음은 화처럼 강렬하거나 폭력적이지는 않지만, 마음에 날카로운 상처를 입혀요. 그리고 그런 상처를 입으면 가슴 한 켠이 아려오기도 하고, 슬퍼지기도 하지요. 세상에서 가장 우선적으로 자신을 믿어줬으면 하는 부모가 자기를 별 볼일 없는 아이, 또는 거짓말하는 아이로 생각하니 아이는 좌절을 느낄 수밖에 없습니다.

앞서 실망감이 단지 마음이 상한 상태라면, 좌절감은 마치 새의 꺾인 날개처럼 마음이 완전히 꺾인 것입니다. 다시 무언가를 시작할 기력이 없어진 상태이지요. 부모는 아이의 행동에 대해 단지 실망감을 표현했을 수도 있지만, 아이는 부모의 말 한마디에 완전히 의욕을 잃을 수도 있어요. 이런 말을 반복적으로 듣게 되면, '맞아요, 난 원래 그런 아이예요!' 하며 비뚤게 나가는 경우도 실제로 많습니다.

## 아이는 부모가 믿는 대로 자랍니다

부모가 실망감을 비웃음으로 표현한다면 어떤 결과가 발생할까요? 비웃음은 우리가 의도하지 않았음에도 부정적인 방향으로 아이를 몰고

갈 수도 있습니다. 바로 피그말리온 효과Pygmalion Effect인데요. 1964년 미국의 교육심리학자 로버트 로즌솔Robert Rosenthal이 제시한 개념으로, A라는 사람이 B에 대해 거는 기대나 믿음이 반복되면 B는 은연중에 A의 기대를 따라가게 된다는 내용입니다.

이 이론은 그리스 신화에 등장하는 한 조각가의 이름에서 유래되었습니다. 조각가 피그말리온은 한 여인상을 조각하고는 그 여인상과 사랑에 빠지게 되었어요. 일도 하지 않고 밥도 먹지 않은 채 여인상 밑에 엎드려 '이 여인상이 사람이었으면' 하고 간절히 바랐습니다. 그러자 이를 안타깝게 여긴 아프로디테가 여인상을 실제 여인으로 만들어 주었다고 해요. 그래서 강한 믿음과 바람이 현실화되는 현상을 피그말리온 효과라고 부릅니다.

실제로 1964년 봄, 미국 샌프란시스코의 한 초등학교에서 진행된 실험은 믿음이 현실화될 수 있다는 것을 잘 보여주었습니다. 학기 초에 선생님은 학교로부터 '선생님 반 아이들은 특별히 선별된 우수한 학생들이니 잘 지도해 달라'는 부탁을 받았습니다. 그리고 한 학기가 지난 후, 성적을 살펴보니 반 평균 성적이 높아졌는데요. 우수한 학생들만 모아놨으니 당연한 결과라고 생각했지만, 여기에는 비밀이 있었습니다. 사실 그 아이들은 모두 평범한 수준의 일반적인 학생들이었거든요. 그런데도 성적이 높아진 이유는, 아이들에 대한 선생님의 믿음과 기대가 강하게 작용했기 때문이었습니다.

선생님은 우수한 아이들을 맡았다는 자부심과 기대감을 가지고 아이들을 가르쳤는데요. 더 자주 눈을 맞추고, 더 자주 칭찬했습니다. "너희는 우수해"라는 말을 수시로 아이들에게 해줬고요. 결국 아이들은 선생님의 기대대로 우수한 학생들이 되었습니다.

그렇다면 아이에게 가장 가까운 존재인 부모는 어떤 말을 해주어야 할까요? "네가 하는 게 그 모양이지"라고 면박을 주면, 아이는 부모가 말한 '그 모양'대로 행동할 겁니다. 반면 "넌 열심히 노력하는 아이야"라고 북돋워 주면, 그 말대로 '열심히 노력하는 아이'가 될 확률이 높아집니다.

아이의 인생은 부모가 아이에게 어떤 기대감을 갖느냐에 따라 확연히 달라집니다. 그리고 좋은 기대를 가질수록 부모의 감정도 더 많이 행복해질 겁니다. 소중한 내 아이에 대해 긍정적인 믿음과 기대를 갖는 것은 부모 자신의 감정에도 좋은 영향을 미치니까요. 아이를 기르는 과정이 힘들고 지치기보다는 아이와 함께하는 의미 있고 즐거운 시간이 될 거예요.

---

**내 아이에게 실망했을 때, 기억할 것들**

- 아이에게 실망했다고 무시하거나 비웃지 마세요. 아이에게는 잊지 못할 상처로 남아요.
- 부모의 말은 아이의 의욕을 좌지우지하는 영향력을 갖고 있답니다.
- 피그말리온 효과를 기억하세요. 양육자가 긍정적인 기대와 믿음을 보이면, 아이는 그 기대에 맞추려고 자발적으로 노력하게 됩니다.

# 아이의 행동에 실망감이 들 때는
# 이렇게 해보세요

하지 말라는 행동을 아이가 계속 반복하면 부모도 속상하고 지치지요. 그러다 보면 실망스러운 마음에 자신도 모르게 비꼬는 말이 나올 수도 있습니다. 그런 데 이런 말은 아이에게 수치심과 좌절감을 줍니다. 아이가 고학년이나 청소년이라면 부모에게 반감을 갖는 위험한 계기가 되기도 하고요.

하지만, 그러면 안 된다는 걸 알면서도 자꾸만 양육자의 진심과는 달리 비웃는 말투로 마음이 표현될 때가 있을 거예요. 만약 자신도 모르게 비아냥거리게 된다면 우선, 아이의 잘못된 행동만 다시 한번 언급해 주세요.

예를 들어, 앞서 원재의 이야기에서 엄마가 보인 반응처럼 "너 장난감 샀어? 그럴 줄 알았어"라고 하게 되면, 아이의 속마음까지 함부로 단정하며 모멸감을 준 것이 됩니다. 이때는 "너 장난감 샀어?"까지만 말씀해 주세요. 그리고 아이를 바라보며 잠시 말을 멈추세요. 부모의 침묵은 의외로 아이에게는 강한 인상을 남깁니다.

그리고 잠시 후 아이에게 물어봐 주세요. "어떻게 하는 게 현명한 행동이었을까? 어떻게 생각해?" 부모가 나서서 잔소리하거나 혼내지 말고, 아이가 자신의 행동을 돌아볼 시간을 주세요. 이것만으로도 충분합니다.

이것은 부모 입장에서 당장은 답답할 수 있지만, 아이로 하여금 생각할 기회를 주고 스스로 행동을 올바르게 통제할 수 있는 힘을 길러주는 좋은 계기가 된답니다.

- **이렇게 말해보세요**

| 위험한 표현 | 현명한 표현 |
|---|---|
| "시험 망쳤어? 내 그럴 줄 알았어." | "시험 망쳤어?" + (아이를 바라보며) 침묵 |
| "준비물 안 챙겼니? 네가 하는 일이 그렇지." | "준비물 안 챙겼니?" + (아이를 바라보며) 침묵 |
| "숙제 아직 안 했어? 너 정신이 있는 거니?" | "숙제 아직 안 했어?" + (아이를 바라보며) 침묵 |

# 혼란: "남자애는 다르게 키워야 하나?"

복희 씨는 직접 손자를 키우는 할머니입니다. 딸 내외가 결혼을 하고 손자를 낳자마자 바로 헤어졌거든요. 손자의 양육은 딸이 맡았지만, 딸은 직장을 다녀야 해서 자녀를 직접 돌보기가 어려웠어요. 그래서 복희 씨가 손자를 양육하게 되었지요. 지금 복희 씨의 딸은 주중에는 타지에서 일하고 주말에만 자녀를 보러 옵니다.

손자는 정말 눈에 넣어도 안 아플 정도로 참 예뻐요. 30여 년 전 딸을 키울 때의 기억도 새록새록 나고요. 손자의 웃는 얼굴, "할머니" 하며 달려와 안길 때의 느낌, 해준 음식을 잘 받아먹을 때의 기특함 등은 정말 많은 기쁨을 줍니다. 주변에서는 "자녀 출가시키고 편하게 여행 다니며 쉴 나이에, 그게 무슨 고생이냐"라고들 합니다. 하지만 복희 씨는 손자를 보고 있으면, 가진 걸 다 줘도 아깝지 않다는 생각이 들어요.

물론, 복희 씨가 힘이 들지 않는다고 하면 그건 거짓말입니다. 당연히 힘에 부치지요. 더구나, 한시도 가만히 있지 않고 활발하게 움직이는 남자아이다 보니, 활동량을 따라갈 수가 없답니다. 치우고 돌아서면 집안이 어질러져 있고, 학교 운동장으로 나가면 같이 놀아주는 데에 바로 한계가 느껴지니까요. 밤이 되면 어깨가 결리고, 허리도 아프고, 온몸이 욱신거리기도 합니다.

그런데 몸이 힘들고 피곤한 게 문제가 아니라, 복희 씨의 고민은 따로 있습니다. 손자를 키우면서 복희 씨는 매번 손자와 어떻게 소통해야 할지 혼란스러움을 느끼고 있거든요. 복희 씨는 슬하에 딸 하나만 있었습니다. 자녀로 외동딸만 키웠으니, 남자아이의 특성이나 행동 등을 이해하기가 어렵지요. 게다가 복희 씨 자신도, 언니와 둘뿐인 자매였고요. 복희 씨는 주변에서 남자아이가 성장하는 모습을 본 적이 없어요. 당연히 지금 손자의 행동 하나하나가 익숙하지 않고 놀라움의 연속이랍니다.

이제 막 여섯 살이 된 손자는 마치 청개구리 같습니다. 뭘 하라고 하면 일부러 반대로 보란듯이 행동하기도 하고요. 복희 씨가 "이렇게 해놓으면 어떡하니!"라고 혼을 내도, 할머니를 바라보며 씨익 한 번 웃고는 다시 그 행동을 반복할 때가 많아요.

예전에 딸을 키울 때는 전혀 달랐습니다. 성별 때문이었는지는 모르겠지만, 복희 씨가 화난 듯한 모습을 보이면 딸은 어느새 눈치를 살피고 복희 씨가 싫어하는 행동을 멈췄거든요. 집 안에서나 밖에서나 사뿐사뿐 걸어다녔고, 놀아달라며 복희 씨에게 달려들어 매달린 적도 없어요. 요즘 복희 씨는, 자신이 손자를 제대로 키우고 있는 건지, 자신의 양육 방식이 맞는 건지 스스로 불안한 마음이 듭니다.

## 지켜야 하는 약속 외에, 사소한 건 너그럽게 넘어가세요

요즘은 할아버지 할머니가 손자 손녀를 키우는 경우가 참 많아졌어요. 자녀가 이혼하면서 어쩔 수 없는 상황들로 양육을 떠안게 되거나, 자녀 내외가 일 때문에 너무 바빠서 친가나 외가에 아이를 맡겨두고 주말 등에만 시간을 내어 보러 오는 경우도 꽤 됩니다. 자녀가 힘들까 봐 조부모님들은 기꺼이 손자 손녀를 맡아주시는 거죠.

그런데 이때, 다른 성별의 아이를 키워보지 않은 할아버지 할머니는 자주 당황합니다. 아들만 키워본 분들은 손녀가 토라지거나 우는 모습을 보면 어떻게 달래야 할지 많이 조심스러워하세요. 이전에 아들을 키웠던 양육 방식으로 하면, 혹여 손녀가 상처 입지는 않을까 걱정하시죠.

한편, 딸들만 키운 조부모님들의 경우, 손자의 존재는 참 경이롭습니다. "어떻게 저렇게 다를 수가 있지?"라는 말이 절로 나와요. 일단 조그만 몸에서 어떻게 그런 체력이 나오는지 기가 차죠. 지칠 줄을 모르니까요. 난간 위에 올라가거나 높은 곳에서 뛰어내리는 등, 할머니의 가슴을 쓸어내리게 만드는 위험한 행동들을 서슴지 않아요. 야단을 맞고도 금세 또 그 행동을 반복하고, 장난감을 갖고 논 자리는 거의 전쟁터 수준입니다. 길을 가다가 물 웅덩이를 보면 그냥 지나치는 법이 없지요. 일부러 웅덩이 안으로 펄쩍 뛰어서 주변에 물을 튀겨요. 반찬 투정을 하면서, 밥을 얹은 숟가락을 비행기처럼 날아서 먹여달라고 떼를 쓰기도 하고요. 말 그대로 천방지축입니다. 그러니 할머니 입장에서는 딸을 키울 때보다 몇 배는 더 힘들다고 하소연하세요. 딱히 할머니뿐 아니라, 엄마 입장에서도 힘이 드는 건 매한가지입니다.

사실 남자아이라고 다 그런 건 아니고, 성격과 성향에 따라 아이마다 다를 거예요. 하지만 확률상 남자아이들이 이런 행동들을 더 많이 보이기는 하니까요.

현재 남자아이를 양육하고 계시다면, 아래에 말씀드리는 두 가지 사항만 우선 기억해 주세요.

첫 번째는, 하면 안 되는 것 두세 가지를 명확하게 정해주는 것입니다. 대개 남자아이들은 구체적으로 세세하게 알려준다고 해서 다 기억하지도 않을뿐더러 지키지도 않아요. 과하게 잔소리하거나 밀어붙일 경우, 오히려 용수철처럼 튕겨져 나가기도 합니다. 조금 전에 말씀드린 '청개구리 기질'을 발휘하면서요.

그러니, 아이가 명심해야 할 두세 가지 기준이나 원칙만 정하신 후, 아이에게 지속적으로 강조해서 알려주세요. 예를 들면, "첫째, 하고 하면 바로 집에 와야 한다" "둘째, 밥은 정해진 시간에 30분 내로 먹어야 한다"처럼요. 지켜야 할 규칙을 아이와 함께 만드는 것도 좋은 방법입니다. 그리고 그 외에 사소한 것들은 규제하지 마세요. 가능하면 최대한 너그럽게 넘어가 주세요. 사사건건 잔소리하며 막으면 조부모와 손자 간 사이가 멀어질 수 있습니다.

두 번째는, 함께 약속한 규칙을 어겼을 경우, 단호하게 행동하는 거예요. 조부모님에게 손자는 항상 귀엽고 안쓰러운 존재지요. 그래서 분명, 잘못된 행동을 했을 때에도 그냥 넘어가는 경우들이 있어요. 아빠 엄마와 떨어져서 지내는 손자가 안타까워 지나치게 관대하게 대하기도 하고요. 아마도 이와 관련된 옛이야기를 알고 계실 텐데요.

옛날에 한 노부부와 아이가 살았답니다. 부부는 늦은 나이에 자식을 낳아, 아이를 오냐오냐하며 귀하게 키웠지요. 하루는 아이가 장난으로 아버지의 뺨을 때렸어요. 부부는 그걸 재롱으로 알고, 아이를 혼내지 않았죠. 세 살 적 버릇 여든까지 간다더니, 아이는 커서도 여전히 아버지의 뺨을 때렸다는 이야기예요. '에이, 우리 아이는 착해서 안 그래요'라고 생각하세요? 아니요, 결코 그렇지 않습니다. 그래서 양육 방식이 중요한 거지요.

잘못된 행동과 나쁜 습관은 단호하게 훈육해 주세요. 해야 할 행동과 해서는 안 될 행동을 구분하는 현명한 사람으로 키워주세요. 이때, 남자아이들은 하나하나 지적하며 바로잡기보다는, 큰 규칙을 제시하고 그 안에서 융통성 있게 움직일 수 있도록 해주시는 것이 더 효과가 좋습니다.

**조부모의 손자 양육법**

- 조부모보다 엄마가 아이를 더 잘 키울 거라는 보장은 어디에도 없습니다. 자신감을 가져주세요. 할아버지 할머니도 얼마든지 최고의 양육자가 될 수 있어요.
- 아빠 엄마와 떨어져서 조부모와 지내는 것에 대해, 아이 나름의 상실감이 있을 수 있어요. 아빠 엄마에 대한 이야기를 일부러 하지 않거나 감추기보다는, 해당 주제에 대해 자연스럽게 대화해 주세요. 무언가를 억지로 감추면, 아이가 오해하거나 더 안 좋은 쪽으로 상상할 수 있답니다.

# 밥상 앞에서
# 딴짓하는 손주

손주가 밥을 잘 안 먹는 것처럼 조부모님의 마음을 안타깝게 하는 경우도 드물지요. 아이 몸무게가 적게 나가거나 평소 감기에 자주 걸리는 등 몸이 약하다면, 더더욱 마음이 타들어 갑니다. 음식을 잘 먹지 않는 아이에게 밥을 먹이기도 참 힘들고요. 그래서 아이가 텔레비전이나 스마트폰의 재미있는 영상에 몰입하고 있을 때, 얼른 한 숟갈씩 떠먹이기도 합니다.

물론 아이가 아직 어릴 경우, 건강을 위해 이런 방법을 동원해야 할 수도 있습니다. 하지만 유치원이나 초등학교에 다니는 경우에는 바람직하지 않아요. 올바른 식습관을 가르치고 싶으시다면, 이 방법을 활용해 보세요.

일단, "30분 안에 밥을 다 안 먹으면, 할머니가 밥상 치울게"라고 말씀하세요. 그리고 아이가 30분 이상 밥상 앞에서 밥을 먹지 않고 딴짓을 할 경우 실제로 밥상을 치우시면 됩니다. 물론, 한두 번은 아이가 아랑곳하지 않을 거예요. 특히 음식을 좋아하는 아이가 아니라면요. 하지만 이런 상황이 몇 번 반복되면 아이는 깨닫습니다. '밥상이 차려지면 먹어야 한다. 안 먹으면 음식이 사라진다'라는 사실을요. 이때, 중간에 과일, 과자, 빵 등 간식은 주지 마세요. 식습관을 올바로 들이기 위한 과정이니까요. 밥상 앞에서 계속 딴짓만 하는 상황에서 아이를 위해 필요한 건 양육자의 일관된 태도입니다.

주변에서 "한 숟갈이라도 더 먹여야 한다"라며 계속 숟가락을 들고 손자 뒤를 쫓아다니는 경우를 꽤 봅니다. 하지만 그런다고 아이가 밥을 제대로 먹는 것은 아닙니다. 오히려 이러한 양육자의 태도는 아이의 평생 식사 습관을 나쁘게 만드는 결정적 계기가 돼요.

"밥 먹어라! 왜 안 먹니! 한 번만 더 그러면 혼쭐을 내줄 거야!" 등으로 협박하시거나 큰소리칠 필요도 없어요. 그저 행동으로 보여주시는 것만으로 효과는 충분합니다. 만약, 이렇게 하는데도 밥을 계속 안 먹는다면, 아이에게 할머니가 모르는 건강상의 문제가 있을 가능성도 있어요. 병원에 데려가셔서 검진을 받아 보시는 것도 조언드려요.

# 걱정:
# "한부모 가정인데,
# 내 아이 괜찮을까?"

지아 씨는 5년 전에 이혼했습니다. 영준이가 막 다섯 살이 되던 해였지요. 남편은 평소 자상하고 책임감이 있는 사람이었습니다. 주말에는 영준이와 잘 놀아주는 좋은 아빠였고요.

남편은 술을 좋아했습니다. 사실, 직장에 다니면서 저녁에 지인들과 술 한 잔 하는 걸 가지고 뭐라고 할 사람은 없죠. 지아 씨도 직장인이니 그런 부분은 당연히 이해했고요. 자신도 회식이 있는 날이면 남편이나 친정어머니에게 영준이를 부탁하고 술을 마신 적도 있으니까요.

문제는 남편이 '술이 술을 마신다'는 느낌이 들 정도로 양을 조절하지 못하는 것이었습니다. 어느 정도 적당히 마시면 절제할 줄 알아야 하는데, 남편은 그걸 못했어요. 만취로 인해 집을 못 찾아서 택시 기사 님이 전화를 한 적도 종종 있었고요, 회사 후배가 남편을 부축해서 데려다준 적도 많았습니다. 게다가 고객사 담당자와의 중요한 식사 자리에서, 술에 취해 실수하는 일까지 발생했습니다. 현관문 비밀번호도 제대로 누르지 못할 만큼 취한 남편을 맞이할 때마다 지아 씨는 화가 났어요. 그래서 아들이 보는 앞에서도 남편과 자주 싸우고, 울고, 다퉜습니다. 수없이 약속을 했지만, 곧 한 달이 안 가 그 약속은 무너졌지요.

그리고 언젠가부터, "오늘 저녁 약속 있어"라는 남편의 말을 들으면, 겁부터 나고 마음이 극도로 불안해지기 시작했어요. 영준이도 아빠가 밖에서 저녁을 먹고 오는 날이면, "아빠 오늘도 술 마시고 오는 거야?"라고 물었고요. 이러다가는 나부터 망가지겠다는 생각이 든 지아 씨는 결국 이혼을 선택했습니다. 혼자서 아들을 키워야 한다는 부담은 있었지만, 큰 걱정은 하지 않았어요. 이혼하면 큰일 나는 줄 알았던 과거에 비해 시대가 많이 변했으니까요.

그런데 영준이가 초등학교에 입학하면서부터, 신경 쓰이는 일들이 많아지기 시작했어요. 바로 얼마 전 공개 수업일에 있었던 일입니다. 지아 씨는 회사에 반차 휴가를 내고 영준이 학교에 갔는데요. 사회 수업 중에, '주말에 가족들과 뭘 했는지'를 공유하는 시간이 있었어요. "아빠 엄마랑 어디 다녀왔다"라고 말하는 아이들 속에서, 왠지 영준이가 쭈뼛 거린다는 느낌이 들었습니다.

실은 영준이만 그런 건 아니었어요. 지아 씨 역시 자신도 모르게 위축되었던 적이 있었으니까요. 초등학교 입학식 날 아빠 엄마랑 같이 온 아이들을 보면서 지아 씨는 자꾸 영준이 눈치를 보았습니다. 학교의 각종 행사 등에 참여할 때도, 행여 아빠의 부재를 느낄까 봐 전전긍긍했지요.

심지어 얼마 전 학교에서는 한부모 가족 인식 개선을 위한 그림일기 공모전이 열린다는 안내문을 보내왔는데요. 그걸 보는 것 자체만으로도 불편함을 느꼈습니다. 어른인 지아 씨도 이런데, 겨우 초등학생인 영준이의 마음에 혹여 그늘이 생길까 봐 걱정이 커지던 중이었지요.

이제 사회는 가족의 구성원들이 다양해졌어요. 가족이라고 하면 당연히 아버지, 어머니, 그들의 자녀로 구성될 거라 믿던 시대는 지났지요. 한부모 가정을 바라보는 시각도 달라진 게 사실입니다. 아빠와 사는 아이, 엄마와 사는 아이, 조부모가 양육하는 아이, 친척 집에서 지내는 아이 등 가정의 형태가 정말 제각각입니다.

한때, 아이가 아빠 또는 엄마 등 한쪽 부모와 사는 가정을 '편부모 가족偏父母 家族'이라 불렀던 적이 있어요. 양쪽 부모가 없는 결손 가정이라는 의미가 컸지요. 편부모라는 단어에 쓰인 '치우칠 편偏'이라는 한자 자체가 부정적인 의미를 담고 있으니까요. 오늘날에는 편부모 가족이 아닌, 한부모 가족이라는 말을 권장하며 실제로도 더 많이 사용합니다.

양 부모가 모두 있다고 해서 자녀가 더 많은 사랑을 받는 건 결코 아닙니다. 반대로, 한부모 가정이라고 해서 아이가 사랑에 결핍을 느끼는 것도 아니지요. 그럼에도 아이를 혼자 키우는 입장에서는 여러 가지로 조심스럽고 생각이 복잡해지곤 합니다.

이렇게 혼자 아이를 키우며 내 아이의 마음만큼은 다치지 않게 보호하고 싶다면, 몇 가지 사항을 고려해 주세요.

일단, 경제적 부분에 대한 막연한 불안감을 느끼지 않도록 해주세요. 아직 아이가 어리니, 집안 내 소득 상태를 일일이 알지는 못할 겁니다. 하지만 특히 엄마와 함께 사는 아이는 이런 불안감을 잘 느낍니다. 아빠와 같이 살았던 예전에 비해 돈이 부족하거나 궁핍해질까 봐 내심 걱정하는데요. 집안의 재정 상태에 대해 아이가 굳이 알 필요는 없지요. 아이가 옆에 있는 상황에서 전화통화나 대화를 하실 때, 이러한 언급을 조심해 주세요. 또 아이와 소통하실 때도 불필요한 말씀은 자제해 주시는 게 좋아요. 예를 들면, "왜 자꾸 새 신발을 사달라고 하니? 엄마 돈 없는 거 몰라?"라는 식으로 말씀하지 마세요. 돈이 없어서 못 사준다는 뉘앙스보다는 절약하는 태도가 중요하다는 것에 초점을 두어 아이를 설득하시면 되지요. "아직 지금 신발 더 신을 만한 것 같은데? 3개월 정도 더 신다가, 운동화가 해지면 그때 사자!"라고요.

신경 쓰실 또 다른 부분은, 부재한 한쪽 부모의 역할입니다. 양육자로서 아빠와 엄마는 일반적으로 서로 다른 영역을 담당하는데요. 싱글 대디 또는 싱글 맘과 살거나, 조부모와 사는 아이의 경우, 입 밖으로 말하지는 않지만 부재한 부모로 인한 슬픔이나 외로움, 상실감 등을 자주 느껴요. 더불어 생활 면에서도 실제적인 불편함을 겪고요.

요즘에는 아빠와 사는 아이들도 꽤 많은데요. 싱글 대디의 경우에는, 엄마 대신 아이의 학업과 학교 행사 및 준비물, 의복과 식사 등에 더 신경을 써주셔야 해요. 양육자와 자녀의 성별이 다르다면, 조금 더 세심하게 관심을 기울이셔야 하고요. 아이의 사춘기로 인한 정신적·신체적 변화를 잘 관찰하고, 2차 성징 등이 나타나는지도 살펴보셔야 합니다.

이 밖에도 별거나 사별, 미혼모/미혼부 등 다양한 이유로 한부모 가정에서 자라는 아이들은 또래에 비해 감정적으로 조숙한 경우가 많습니다. 일찍부터 내면의 스트레스 강도도 꽤 있는 편이고요. 그렇지만 아이는 그런 마음을 주변에 알리기보다는, '내가 힘들어하면 엄마(아빠, 할머니 등)가 속상해할 거야'라고 생각하며 꾹꾹 참는 경우가 많아요. 아이가 자신의 마음을 더 솔직하게 표현하고 풀어낼 수 있도록 수시로 대화해 주세요.

**마음의 그늘 없이 내 아이 키우는 법**

- 내 아이가 한부모 가정에서 자란다는 이유로 지나치게 걱정하지 마세요. 모든 게 내 탓이라며 양육자 스스로를 자책하지도 마세요. 양육자의 그런 부정 감정들은 아이에게 순식간에 전염됩니다.
- 마음속 그늘은 부정 감정이 쌓일 때 생겨요. 아이가 마음속 불안, 걱정, 죄책감 등을 부모에게 주저 없이 표현할 수 있도록 편안한 분위기를 만들어주세요.

# 싱글 대디와
# 초경을 시작하는 딸

제가 얼마 전 만났던 한부모 가정은 싱글 대디셨는데요. 딸의 생리가 시작된 걸 모르고 계셨고, 아이 역시도 아빠에게 숨겼더라고요. 아이 입장에서는 아빠에게 이야기하기가 힘들 수 있지요.

초경은 대략 초등 5~6학년 때 많이 시작하지만, 단순히 나이만으로 알 수 없고요. 키나 신체적 발육에 따라 아이마다 다릅니다. 그러니 미리 대비하시는 게 더 좋지요. 해당 상황에서 좋은 대응 방법을 알려드릴게요.

우선, 생리가 시작되기 전부터 아이를 미리 준비시켜 주세요. 아이 입장에서는 갑작스러운 신체적 변화에 무서워하거나 창피함을 느낄 수 있거든요. 그러니, 생리에 대해 아이가 잘 이해할 수 있도록 아빠가 먼저 공부하신 후 알기 쉽게 설명해 주세요. 아빠의 입으로 직접 말씀해 주시면 도움이 됩니다.

아이와 함께 마트에 가셔서 생리대를 같이 골라보시는 것도 좋아요. 이때 아빠의 태도가 중요한데요. 남들 눈을 피해 얼른 장바구니에 넣지 말고 당당하게 행동해 주세요. 아이는 아빠의 분위기나 태도를 보고 있답니다. 그러니 쭈뼛거리지 마세요. 그래야 아이 역시 숨길 일이 아니라고 느끼면서 자연스럽게 받아들입니다. 사온 생리대는 화장실에 정리해 두시고 "나중에 필요하게 되면 써"라고 이야기해 주세요.

만약 아이의 생리가 시작된 걸 나중에 알게 되셨다면, 아이가 좋아하는 간식과 함께 생리대를 포장해서 선물로 주세요. 감출 일이 아니라, 건강하다는 신호이니 축하받을 일이지요. 이후에는 직접 살 수 있도록 용돈을 주시는 것도 괜찮습니다.

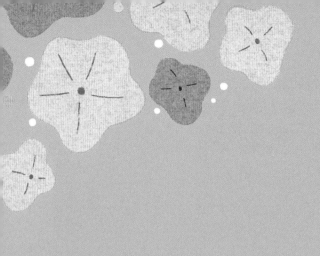

# 우리 아이 이럴 때,
# 어떻게 하나요?

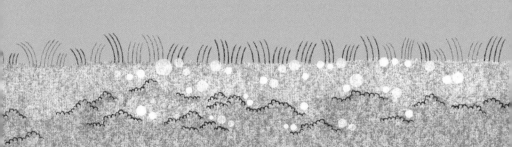

# 5장

아이를 키우는 일은 정말 고난의 연속입니다. 도대체 왜 저럴까 싶을 때가 한두 번이 아니지요. 아이는 성장하면서 다양한 감정적 변화를 보여줍니다. 자기 뜻대로 하겠다며 고집을 피우고 부모와 충돌하기도 하고요. 하지만 이런 과정들은 아이가 스스로 생각하고 판단하는 인격체로 잘 자라고 있다는 신호이기도 합니다. 다만, 아이의 이런 감정적 성장 과정이 부모에게는 심적으로 힘들게 느껴질 수도 있어요.

이 장에서는 부모들이 다루기 힘들어하는 아이의 감정 열 가지를 살펴봅니다. 아이들은 어떨 때 이런 감정을 느끼고 그것을 어떤 행동으로 표현하는지, 그리고 부모는 어떻게 이런 아이의 감정에 대응하면 좋을지에 대해 소개해 드립니다. 부모님들이 아이를 키우면서 가장 많이 마주하는 감정 상태를 상황별로 분석할 수 있고, 감정에 따라 행동이 어떻게 돌출되는지를 확인하실 수 있을 거예요.

이 장에서 가장 중요한 것은 아이의 감정 상태의 원인을 이해하는 겁니다. 모든 감정에는 저마다의 이유가 있거든요. 아이의 감정을 이해하면 부모님들이 아이를 대하는 대응 방식이 더 현명해질 수 있답니다. 감정을 이해한 만큼 아이와 가까워질 수 있고요.

# "걸핏하면 화부터 내고 소리를 질러요"

어느 주말 오후, 방에 있던 경준이가 나와 묻습니다.

"엄마, 내가 지난주에 썼던 찰흙 어딨어요? 갑자기 없어졌어요."

"아, 그거? 난 네가 안 쓰는 줄 알고 버렸는데. 어떡하지?"

경준이는 갑자기 얼굴이 시뻘게지면서 소리를 지릅니다.

"왜 나한테 물어보지도 않고 버려요? 왜요? 엄마가 뭔데요? 당장 쓰레기통에서 찾아와요!"

엄마는 몇 차례 달래보지만, 이제 아이는 급기야 온몸을 흔들어대며 화를 내기 시작합니다.

우리 주변에는 경준이처럼 별거 아닌 일에 갑자기 감정을 분출하는 아이들이 종종 있습니다. 평소에는 온순하기 그지없는데, 한번 화를 내거나 짜증을 부리면 부모가 감당하기 힘들 만큼 감정이 폭발하는 경우도 있고요.

이때 부모의 반응은 크게 네 가지로 나누어 볼 수 있습니다. 나는 평소에 어떻게 행동하나요?

**행동①** "당장 그만하지 못해!" ▶ 덩달아 소리를 지른다.

**행동②** "그래, 알았어. 알았다니까!" ▶ 당황해서 일단 아이의 요구를 들어준다.

**행동③** "그 대신 다른 거 사줄게." ▶ 아이와 협상한다.

**행동④** "네가 화를 내니, 너랑 이야기하기가 어렵구나. 마음이 가라앉으면 다시 말하자." ▶ 아이가 안정을 찾을 때까지 잠시 기다린다.

행동①

## "당장 그만하지 못해!"

덩달아 소리를 지른다.

아이에게 이렇게 반응한다면 나는 '감정 폭발형 양육자'입니다. 그리고 제가 지금까지 만나본 다양한 양육자 중의 70%가 이런 상황에서 같이 큰소리를 지른다고 답했습니다. 아이가 화를 내고 짜증을 부릴 때, 부모도 욱하는 감정으로 대응하는 거지요.

물론 대부분의 부모가 처음에는 아이가 화를 내고 소리를 질러도 일단 참습니다. "엄마가 미안해. 네가 소중하게 여기는 걸 버렸구나" 하며 아이를 달래려고 노력하지요. 그런데도 계속 아이가 짜증을 부리고 화를 내면 부모의 감정도 끓어오르기 시작합니다.

"그만해."

엄마는 큰소리를 내지 않으려고 억누르며 말합니다. 그래도 아이의 생떼가 계속됩니다.

"그만하라고 했다."

엄마의 마지막 경고에도 아이는 멈추지 않습니다.

"너! 당장 그만하지 못해!"

드디어 엄마가 두 눈을 부라리며 아이를 향해 집이 떠나가라 소리칩니다. 드디어 엄마도 화가 난 거지요. 이 시점에서 양육자에게 한번 질문할게요. 평소 이 방법이 효과가 있었나요?

물론 당장의 효과는 있었을 거예요. 아이는 소리 지르는 엄마를 보고 움찔합니다. 화가 난 모습에 순간적으로 행동이 멈추죠. 큰 목소리로 혼을 내는 엄마의 모습에 깜짝 놀라며 두려움을 느껴요.

하지만 아쉬운 점은 그 효과가 처음 몇 번에 그친다는 겁니다. 게다가 이 방법은 치명적인 단점을 갖고 있는데요. 그건 바로 아이의 내성이 강해진다는 거예요. 마치 감기약을 먹었을 때, 처음에는 약효가 있지만 자주 먹으면 내성이 생겨 효과가 약해지는 것처럼 말입니다. 처음 엄마가 소리를 질렀을 때 아이는 크게 놀랍니다. 하지만 엄마가 화를 내는 상황이 여러 번 반복되면 더 이상 두려워하지 않습니다. '우리 엄마는 원래 저렇게 소리 지르고 화를 잘 내는 사람'이라는 인식이 아이의 머리에 박혀버리기 때문이에요. 그런 모습에 익숙해지면서, 더 이상 충격일 것도 무서울 것도 없어져요. 엄마는 원래 그런 사람이라고 생각하니까요.

엄마의 화로 아이의 화를 다스릴 수는 없습니다. 화를 화로 다스리려고 하면, 더 큰 화로 번집니다. 원래부터 강도가 센 감정인 화는 부딪치면 부딪칠수록 강해지는 속성이 있거든요. 더구나 엄마가 화가 날 때마다 소리를 지르면 아이는 은연중에 새로운 사실을 배웁니다. '엄마도 화가 나면 소리를 지르는구나. 소리 지르는 게 나쁜 건 줄 알았는데 아닌가 봐. 나도 화가 날 땐 엄마랑 똑같이 계속 소리 질러야지!' 결국 화가 날 땐 소리를 질러도 된다고 엄마가 아이에게 직접 가르쳐준 셈이 됩니다.

행동 ②

## "그래, 알았어. 알았다니까!"
### 당황해서 일단 아이의 요구를 들어준다.

평소 양육자가 이렇게 대응한다면, 일반적으로 대가 약한 편에 해당됩니다. '아이에게 끌려다니는 양육자형'이라고 볼 수 있어요. 이런 유형에 속하는 부모들은 아이가 무언가를 강하게 요구하며 밀어붙이면 대부분 들어줍니다. 아이가 스트레스를 받으며 힘들어하는 모습을 지켜보는 게 괴로워 차라리 아이의 요구를 들어주는 편을 택하는 거지요. 당장 쓰레기통에서 찰흙을 찾아내 가져다 달라는 아이의 요구에, 아파트 단지 내 쓰레기 더미들을 이리저리 살피고 다닐 수도 있는 유형입니다.

그렇다면 이런 부모의 태도가 아이의 감정을 현명하게 바로잡아 주며 행동을 올바로 이끌어주는 데 긍정적인 영향을 미칠까요? 아니요, 결코 그렇지 않습니다. 앞서 살펴보았던 '감정 폭발형 양육자'는 맞불 작전으로 아이의 화에 화로 대응합니다. 만약 아이도 같은 유형에 속한다면, 말 그대로 물불 안 가리는 전쟁 같은 상황이 매일 가정 내에서 벌어지지요.

반면 '대가 약한 부모'는 늘 아이에게 끌려다닙니다. 아이는 집에서 마치 왕처럼 군림하고, 부모는 아이의 비위를 맞춰주는 거지요. 이런 부모 밑에서 자란 아이는 가정 내에서는 별다른 스트레스 없이 편안하게 생활할 수 있습니다. 하지만 학교나 또래 모임에서는 따돌림을 당할 확률이 매우 높아요. 너무나도 당연한 일 아닐까요? 무엇이든 자기가 하고 싶은 대로 주도하려 하고, 어디서든 자기 주장만 내세우는 아이와 친구가 되고 싶어 하는 사람은 없으니까요.

결국 자신을 불편해하며 가까이 지내고 싶어 하지 않는 친구들과 자신의 요구가 제대로 받아들여지지 않는 현실에 부딪혀, 아이는 학교 생활 적응이 매우 힘들어지게 됩니다. 급기야 부모를 제외한 또래 친구들이나 선생님 등 다른 사람들과 관계 맺기를 두려워하게 될 수도 있고요.

게다가, 아이가 화를 낸다고 해서 그때마다 아이의 요구를 들어주면 아이가 '화의 효과'에 중독될 확률이 높아집니다. 무슨 일이든 자기 뜻대로 풀리지 않으면 화부터 내는 것이 바로 '화 중독증'인데요. 만약 우리 아이가 이런 상태에 놓여있다면, 가장 큰 책임은 양육자에게 있습니다.

부모에게 있어 자식보다 귀한 존재는 없습니다. 그러나 귀하다고 해서 아이의 요구를 다 들어주는 건 매우 위험해요. 그렇게 받아주다 보면 결국 우리 아이는 자기밖에 모르는 사람, 가까이 하고 싶지 않은 사람, 화에 중독된 사람으로 자라나게 될 테니까요.

그러니 아이의 막무가내 떼쓰기에 그저 끌려다니지 마세요. 필요하다면, 양육자가 의도적으로 아이에게 단호한 모습을 보이거나 일시적으로 감정적 거리감을 둘 필요가 있습니다. 스스로 자제하지 못하는 아이에게, 자신의 무분별한 태도가 상대방에게 상처가 될 수 있다는 걸 알리기 위해서이지요.

### 행동 ③

## "그 대신 다른 거 사줄게."

### 아이와 협상한다.

회유 혹은 협상 역시 부모들이 잘 쓰는 방법입니다. 이런 유형은 '거래형 양육자'에 해당돼요. 당장 화를 내는 아이를 달랠 방법이 마땅치 않거나, 달래기가 성가시다고 느낄 경우, "대신 다른 거 사줄게"라는 말로 어르며 상황을 모면하는 겁니다. 당장 시끄러운 것보다는 그 편이 낫다고 생각한 거죠. 부모는 "이미 버린 것을 다시 찾을 수는 없어. 하지만 네가 지금 화를 내지 않는다면 다른 걸 사줄게"라고 말합니다.

그런데 이런 식으로 아이와 협상을 하기 시작하면 아이는 점차 협상에 맛을 들이게 됩니다. 협상에 점점 능해져서 매사에 협상을 하려 듭니다. 예를 들면, 이번 주말에 함께 영화를 보러 가기로 했는데 갑자기 회사에 일이 생겨 못 가게 됐다고 가정할게요. 이번에는 어렵게 됐으니 다음 주말에 가자는 부모에게 "영화 보기를 연기하는 대신, 장난감 하나 사주셔야 해요" 하는 식으로 조건을 거는 겁니다.

심지어는 협상할 문제가 아닌데도 협상하려 들기도 합니다. 명수 엄마는 이번 주 금요일에 명수가 좋아하는 닭튀김을 해주기로 약속했습니다. 그런데 금요일이 되자 엄마 컨디션이 나빠지면서 몸이 아프기 시작해요. 열도 심하게 오르고 온몸이 뻐근합니다. 도저히 요리를 할 수 없게 된 엄마가 말하죠.

"명수야, 미안한데 오늘 닭튀김 못 해주겠다. 엄마가 다 나으면 꼭 해줄게."

한껏 기대했던 명수는 "그런 게 어딨어요?" 하며 화를 냅니다. 하지만 엄마를 보니, 자신이 보기에도 많이 아파 보여요. 상황을 판단한 명수는 조건을 겁니다.

"좋아요. 그럼 대신 저번에 안 된다고 했던 게임기 사주셔야 해요."

"그건 안 된다고 했잖아."

그러자 명수가 대답합니다.

"안 돼요? 좋아요, 그럼 그냥 오늘 닭튀김 해주세요. 게임기 안 사주실 거면요."

명수는 엄마가 아프다는 사실을 분명히 알고 있습니다. 엄마가 몸이 좋지 않아 요리를 못 해준다는 것, 그리고 그 점에 대해 엄마가 미안해한다는 사실도 잘 알고 있습니다. 명수가 아직 어리다 해도 이런 상황에서는 엄마를 걱정하는 게 맞아요. 물론 처음에는 음식을 먹지 못하게 되어 실망감을 표현할 수도 있겠지만 곧 마음을 접고 "엄마, 괜찮아요? 다 나으면 닭튀김 해주세요" 하고 이야기할 줄 알아야 합니다. 그런데 명수는 이런 상황에서도 엄마와 협상을 시도하고 있어요. 원래 하고 싶었던 것, 얻을 수 있는 것이 어긋나면 그것을 이용하여 그 대신 무엇을 얻어낼 수 있는지부터 생각하는 나쁜 습관을 부모가 만들어주었기 때문입니다.

"그 대신 다른 거 해줄게"라는 말은 화내는 아이를 쉽게 달랠 수 있는 달콤한 사탕과도 같습니다. 그러나 그 맛을 알게 된 아이는 점점 더 영악해집니다. 자신의 뜻대로 일이 되지 않는다 싶으면, 그 대신 무엇을 얻을 수 있을까에만 촉각을 곤두세워요. 아이와 너무 자주 협상하지 마세요. 최선을 다해 상황을 설명하고, 때로는 뜻대로 되지 않는 일도 있다는 걸 아이에게 이해시켜야 합니다.

# "네가 화를 내니, 너랑 이야기하기가 어렵구나. 마음이 가라앉으면 다시 말하자."

### 아이가 안정을 찾을 때까지 잠시 기다린다.

이런 양육자가 바로 '현명한 감정 선생님형'입니다. 자기 감정을 순간적으로 다스리기란 어른들에게도 어려운 일이죠. 일단 화가 나면 머리가 핑그르르 도는 느낌이나 불덩이처럼 열이 오르는 느낌이 들면서 흥분해 버립니다. 그런 상태에서는 누구라도 금방 마음을 가라앉히기 힘듭니다. 그러니 화가 난 아이에게 이런 상태를 요구하는 건 무리일 수밖에 없어요. 아무리 "일단 화부터 가라앉혀"라고 말해도 아이는 그럴 수 없을 겁니다.

그럴 때는 잠시 혼자 있도록 해주세요. 자신이 쓰려던 물건을 버린 엄마가 눈앞에 있으면 엄마에게 더 화가 나 억지를 쓰게 됩니다. 그런 흥분 상태에서 부모와 대화하면 점점 더 화가 날 수도 있어요. 그러니 일단 혼자 있게 해주세요. 그러면 아이의 흥분이 조금씩 가라앉게 됩니다.

무엇보다 중요한 것은, '네가 화를 내면 너랑 이야기하기가 어렵다'는 메시지를 전달하는 겁니다. 화를 내면 상황을 해결할 수 없을 뿐 아니라, 자기 의견을 상대방에게 제대로 전달할 수도 없게 된다는 점을 알려주셔야 해요. 이런 메시지를 아이에게 지속적으로 전달하면, 아이는 '화를 내면서 말하면 나에게 손해'라는 생각을 하게 되고, 화가 날 때도 표현 방식을 조심하게 됩니다.

# 막무가내로 화내는 우리 아이, 어떻게 할까요?

> ## "화를 참지 못하고 폭발해요."
> ### 분노 폭발형 아이

누구나 화라는 감정을 가지고 있습니다. 사람마다 강도는 다르지만 모두 화를 느끼니까요. 그런데 똑같이 화가 난 상황에서 어떤 사람은 이성을 잃고 길길이 날뛰는 반면, 어떤 사람은 차분하게 감정을 표현하고 자신에게 유리한 방향으로 상황을 이끌어갑니다.

어느 쪽이 손해를 볼까요? 대개 이성을 잃고 분을 토하는 사람이겠지요. 객관적으로 화를 낼 만한 상황이었다 해도, 주위 사람들은 '그렇다고 어떻게 저런 식으로 행동할 수가 있어?'라고 생각합니다. 화난 사람 입장에서는 억울할 수도 있지요.

아이가 일단 화가 나면 자제하지 못하는 성향을 보이는지 살펴보세요. 고래고래 소리를 지르지는 않는지, 혹시 물건을 던지거나 누군가를 때리지는 않는지 유심히 보세요. 만약 그런 행동을 보인다면 이 아이는 '분노 폭발형'입니다. 분노 폭발형 아이를 둔 부모는 아이가 화를 낼 때마다 조마조마합니다. 이런 아이의 감정은 어떻게 이끌어줘야 할까요?

## ❓ 아이와 똑같이 흥분하지 마세요

아이가 심하게 화를 낼 때, 양육자가 같이 화를 내는 경우가 있습니다. 물론 화를 자제하지 못하는 아이를 보는 게 쉬운 일은 아니지만, 그렇다고 같이 흥분하면 일은 더 커집니다. 결국 양쪽 모두 마음의 상처를 받고 말죠.

특히 아이의 행동에 화가 난 부모가 자신도 모르게 심한 말을 뱉어버리면, 아이는 큰 상처를 받습니다. 아이가 스스로 본인이 한 행동을 돌아볼 수 있어야 하는데, 그럴 기회를 갖지 못한 채 부모에게서 받은 충격만 안고 상황이 끝나버립니다.

따라서 아이가 심하게 화를 내면, 부모는 더 침착해져야 합니다. 의도적으로 심호흡을 하면서 마음을 가라앉히세요.

## ❓ 평소보다 목소리 톤을 더 낮추세요

화가 나 날뛰는 아이를 잡으려고 같이 소리 지르지 마세요. 시끄러운 상황 속에서 커다랗게 소리 지르는 것은 아무런 효과가 없습니다. 오히려 목소리 톤을 평소보다 낮추세요.

부모가 낮은 목소리로 말하면, 아이는 '갑자기 엄마가 왜 저러지?' 하고 생각합니다. 그리고 부모의 안색이나 상황을 살피며 오히려 조심스럽게 행동합니다.

**Q** **본인의 모습을 비디오로 찍어서 보여주세요**

"너 왜 이렇게 심하게 화를 내?"라고 말해도 아이는 자신이 얼마나 화를 내는지 객관적으로 알지 못합니다. 이럴 때는 휴대전화 등으로 아이의 모습을 찍어서 직접 보여주세요. 거의 모든 아이들이 동영상을 보면서 '저게 나라고?' 하며 놀라거나 동영상을 똑바로 쳐다보지 못하고 외면합니다. 자신의 행동이 잘못됐다는 걸 느끼고 창피하게 생각해요.

비디오로 찍은 영상은 아이가 화내고 있을 때 보여주지 말고, 아이의 기분이 가라앉은 후 대화를 나누고 나서 보여주세요. 마음의 준비가 되지 않은 상태에서 동영상을 보여주면 아이가 거부 반응을 보이거나, 보는 것 자체를 거부할 수도 있으니까요.

> ## "화가 나도 표현을 안 해요."
> 감정 억제형 아이

대부분의 아이는 화가 났을 때 그것을 말이나 몸으로 표현합니다. 그런데 화가 나도 표현을 하지 않는 아이들이 종종 있습니다. 이런 아이는 감정을 속으로 차곡차곡 쌓는 '감정 억제형'이죠. 짜증이 나거나 화가 나도 표현하기보다는 그냥 속으로 삼키는 유형입니다.

그 옛날 시어머니 밑에서 호된 시집살이에 시달리면서도, 감정을 드러내지 않고 꾹꾹 눌러 담던 우리나라 며느리들이 감정 억제형의 대표적인 예입니다. 감히 시어머니에게 감정을 드러낼 수 없던 시절, 며느리들은 그 화를 자기 속에 쌓고 쌓다가 결국 화병을 얻고는 했지요. 화병은 의학적으로는 '울화병'이라고 하는데, 오랜 시간 억누른 화나 우울함 등이 신체적 증상이 되어 나타나는 병입니다. 시어머니 앞에서 자기 생각을 말할 수 없어 화병을 키운 며느리처럼, 자기 감정을 제대로 표현하지 않는 아이 역시 감정적으로 건강한 상태가 아닙니다.

그런데 아이는 왜 자신의 감정을 제대로 표현하지 않는 걸까요? 일차적인 원인은 부모에게서 찾을 수 있습니다. 화가 난 아이가 감정을 표현하면, 왜 화를 내냐며 양육자가 부정적인 반응을 보였던 거죠. 몇 번 비슷한 상황 겪으면 아이는 자신의 감정을 표현하지 않고 자꾸 속으로 눌러 담게 됩니다. 그렇게 안으로 울분이 꾹꾹 쌓이고 말아요.

사람은 누구나 마음에 '감정의 물병'을 안고 삽니다. 새로운 감정의 물을 담았다 버리는 과정을 되풀이하면서 물병 속의 감정들은 고이지 않고 순환되는데요. 물을 담고 버리는 과정이 바로 '소통'입니다. 자신의 감정을 적절히 표현하고, 그 감정이 다른 사람에 의해 받아들여질 때 순환이 되는 거죠.

그런데 만약 특정 감정을 제대로 표현하지 못해서 계속 차오르면, 물병 속 감정의 수위는 점점 높아집니다. 계속 차오른 감정이 물병 목까지 이르면 한계에 도달하지요. 주위 사람들 중에는 평소에 순한 양처럼 화도 잘 내지 않고 있다가, 어느 날 갑자기 폭발하듯 화를 내는 사람이 있어요. 차곡차곡 쌓인 감정들이 목까지 차올랐다가 일순간에 넘쳐흐른 겁니다. 영문을 모르는 주위 사람들도 당황스럽겠지만, 그런 행동을 하는 당사자도 많이 힘들지요.

아이는 몸이 어른보다 작듯, 감정 물병도 어른보다 작습니다. 그만큼 쉽게 가득 차오릅니다. 부모가 아이의 감정을 수시로 받아주지 않으면 아이 속에 차곡차곡 고인 감정은 어느 날 갑자기 발작적으로 폭발하거나 병을 일으킬 수도 있습니다. 화가 나는데도 겉으로 표현하지 않는 아이에게는 이렇게 해주세요.

## Q  아이의 감정 상태를 먼저 물어보세요

굳이 말로 표현하지 않아도 부모는 아이가 화가 났을 때 금방 알 수 있지요. 이때 겉으로 표출하지 않는다고 해서 의젓하다고 생각하며 그냥 넘어가지 말고 "기분이 좀 안 좋아 보이는데?" 하고 직접 물어보세요. 처음에는 아무렇지 않다며 얼버무릴지도 모릅니다. 자신이 화가 났다는 걸 알렸다가 왜 화를 내느냐고 혼날까 봐 두려워서지요. 한두 번 물어보고 포기하지 말고, 아이가 화난 표정을 보일 때마다 부드러운 목소리로 물어봐 주세요.

"네가 기분이 안 좋아 보이니까 엄마가 걱정되잖아. 기분이 좋아지도록 엄마가 도와줄 방법이 있을까?"

이런 상황이 몇 번 반복되면, 아이가 조금씩 자기 감정을 표현하기 시작합니다.

## ❓ 부모의 경험을 공유해 주세요

아이는 화가 나도 그것을 밖으로 드러내면 안 된다고 생각하고 있을지도 모릅니다. 아이가 그런 생각을 갖고 있는 것 같다면, 부모가 먼저 화가 났던 경험에 대해 자연스럽게 이야기를 꺼내보세요.

"오늘 아빠가 회사에서 무척 화나는 일이 있었어. 어떤 일이 있었냐면⋯."

부모 자신의 경험담을 전하며 화라는 감정이 느껴서는 안 될 나쁜 감정이 아니라는 점을 알려주세요. 그리고 화를 현명하게 표현하는 방법에 대해서도 함께 이야기해 주면 더욱 좋습니다. 즉 화가 났을 때 "화가 났다"라고 말하는 건 나쁜 게 아니지만, 화가 났다고 해서 소리를 지르거나 무언가를 던지는 건 좋지 않은 표현법이라고 말해주면 됩니다.

## ❓ 감정 카드 놀이를 해보세요

아이들은 자신이 어떤 감정을 느끼는지 잘 모를 때가 많아요. 자신이 화가 난 건지, 슬픈 건지, 무서운 건지 정확히 구별하지 못하는 것이지요. 이럴 때는 감정 카드 놀이를 같이 해주세요. 마분지에 감정을 나타내는 단어들을 쓰고, 단어를 하나씩 보여주면서 아이가 지금 느끼고 있는 감정이 맞는지 물어보세요.

> ## "금방 웃다가도 갑자기 화를 내요."
> 감정 기복이 심한 아이

아이들 중에는 감정의 기복이 유달리 심한 아이가 있습니다. 조금 전까지는 별일 아닌 일에도 깔깔거리더니, 잠시 후엔 버럭 화를 내는 아이가 그렇죠.

물론 사람마다 기질이 다르기 때문에 어떤 사람은 감정이 더 풍부하고 어떤 사람은 덜하기도 합니다. 하지만 감정이 풍부하다고 해서 그걸 아무 때나 거침없이 표현해도 되는 것은 아닙니다. 그런 아이들은 학교생활이나 사회생활을 할 때 곤란을 겪을 수도 있으니까요.

그렇다고 해서 부모가 아이의 감정을 억누르거나 무시하는 것도 좋은 방법은 아닙니다. 감정이 풍부하다는 건 큰 장점이 될 수도 있거든요. 다만, 정제되고 걸러지지 않은 채 그대로 표현되는 것만 잡아주시면 됩니다. 아이에게 다양한 감정을 다루는 방법을 가르쳐주세요.

## Q 참을성을 길러주세요

아이가 기분이 좋을 때 바로 그 기분을 드러내는 건 자연스러운 일입니다. 하지만 자기 마음에 들지 않는 일이 생겼을 때 곧바로 화를 터뜨리는 건 문제가 될 수 있어요.

아이에게 인내심을 길러주세요. 마음에 들지 않는다며 갑자기 화를 낸다고 해서 아이가 원하는 걸 즉각 들어주지 마세요. 아이가 화를 낼 때 부모가 바로 움직이면, 아이는 화를 통해 부모를 통제할 수 있다고 생각합니다.

아이가 화를 낼 때 우선 그 순간에는 그저 조용히 바라봐 주세요.

혼을 내기 위해 주시하라는 게 아닙니다. 차분하게 아이의 행동을 관찰하세요. 아이가 부모의 시선을 의식하고 흥분을 가라앉히기까지 10분이면 충분합니다. 그런 다음 아이에게 말해주세요.

"네가 기분이 안 좋은 건 알겠지만, 그건 들어줄 수 없는 일이야."

아무리 화를 내도 달라지는 건 없다는 걸 알게 하는 것이 중요합니다.

### Q 감정 체크판을 활용하세요

앞서 소개한 감정 체크판으로 아이의 감정을 수시로 체크해 주세요. 기분이 좋을 때는 아이가 직접 하도록 하고, 기분이 나쁠 때는 부모가 대신 체크해 주면 됩니다. 그리고 감정 체크판 옆에 이유를 간단히 적어두세요. 그러고는 잠자기 전 침대에 앉아, 하루 동안 아이의 기분이 얼마나 왔다 갔다 했는지 이야기를 나누어보세요.

"와, 정민이 기분이 오늘 정신 없이 왔다 갔다 했네."

대부분의 아이는 감정 그래프를 보며 쑥스러워합니다. "내가 정말 그랬어?" 하고 묻기도 합니다. 그러면 아이에게 말해주세요.

"너 하루 종일 왔다 갔다 뛰어다니면 다리가 아프지? 마음도 마찬가지야. 하루 종일 위로 아래로 뛰어다녔으니 오늘 정민이 마음이 참 힘들었겠다."

아이는 자신의 감정에 대해 자연스럽게 생각해 보게 됩니다.

## Q 차분한 분위기를 조성해 주세요

감정 기복이 심한 아이들은 대부분 집중을 잘하지 못합니다. 감정이 들쑥날쑥하기 때문에 무언가에 몰두하기가 힘들지요. 가능하면 집안 분위기를 차분하게 만들어주세요. 어떤 집은 하루 종일 텔레비전을 크게 켜놓거나 시끄러운 라디오 음악을 틀어놓는데, 그런 환경은 아이의 정서에 좋지 않습니다. 잡음이 많은 상태에서는 아이의 말소리나 행동도 커지고, 주의도 전체적으로 산만해지지요.

아이의 방도 한 번씩 정기적으로 체크해 주시면 좋습니다. 화려하고 복잡한 벽지 무늬보다는 심플하고 차분한 벽지로 꾸며주세요. 수납 정리가 잘 되도록 서랍장 등도 배치해 주시고요. 아이가 방에 들어갔을 때 마음에 안정감을 느낄 수 있도록 해주세요.

# 순간적인 화를 참는 데 유용한
# 모래시계 활용법

순간적으로 치밀어 오르는 화를 참는다는 건 보통 어려운 일이 아닙니다. 그러나 화가 난다고 해서 성질대로 분노를 터뜨리면 주변 사람들에게 상처가 되지요. 화가 나는 것과 화를 내는 건 좀 다른 문제입니다. 대개 가깝고 편한 사람이라는 이유로 가족들에게는 더 자주 화를 내게 되는데, 그러다 보면 가족들 사이에 나쁜 감정이 더 많이 쌓일 수 있습니다.

## · 이렇게 해보세요

화가 날 때 2~3분 정도만 잠시 참아도 화의 강도가 훨씬 누그러집니다. 그런 후에 말을 하거나 행동을 하면, 나중에 후회할 일이나 다른 사람에게 상처 주는 일을 줄일 수 있지요.

아이와 함께 온 가족이 모래시계를 활용해 보세요. 모래시계는 2~3분짜리로 선택하세요. 그 이상은 아이에게 너무 긴 시간이 될 수 있습니다. 아이와 함께 모래시계 사용법을 만들어 잘 보이는 곳에 붙여두고 활용해 보세요.

---

**우리 집 모래시계 사용법**

부글부글 화가 나기 시작하나요? 얼굴이 빨개지며 눈썹이 찌푸려지나요? 그렇다면 모래시계를 사용합시다.

1. 일단 모래시계를 엎어둬요.
2. 모래가 떨어질 때까지 아무 말도 하지 않고 기다려요.
3. 모래가 다 쌓이면 그때 하려던 말을 가족에게 해요.

---

# "자존감이 낮고
# 매사에 자신감이 없어요"

솔이 엄마는 마트에서 옆집 민정이 엄마를 만났습니다. 그리고 일주일 후 딸아이 반에서 반장 선거가 있을 거라는 소식을 들었습니다. 솔이 엄마는 학교 끝나고 집으로 돌아온 솔이에게 슬쩍 물었지요.

"민정이는 반장 선거에 나간다던데, 넌 어떡할 거야?"

그러자 솔이는 고개를 숙이며 말했어요.

"난 안 나갈 거야. 애들이 날 뽑아주지 않을 거예요."

솔이 엄마는 어려서부터 친구들 사이에서 자기 의견을 제대로 말하지 못하고 늘 조용한 딸아이가 안쓰러우면서도 한편으로는 답답하기도 합니다.

물론, 아이가 건강하게 자라주기만 해도 좋은 일이죠. 하지만 요즘은 언론이나 방송에서, 모든 면에서 뛰어난 인재가 각광받는 시대라고 이야기들 합니다. 건강은 기본이고, 공부도 잘해야 하고, 친구들 사이에서 인기도 있으며 리더십도 있는 그런 완벽한 사람이요. 그래서 솔이 엄마도 적극적으로 앞서나가는 진취적인 딸의 모습을 희망합니다. 하지만 솔이는 그렇지가 않습니다. 아이마다 성격이나 성향이 다르니까요. 엄마의 기대를 충족시키지 못한다는 걸 아는 솔이는 매번 열등감을 느낍니다.

만약 내 아이가 솔이처럼, '반장 선거에는 관심도 없고, 나가봤자 뽑히지도 않을 거다'라는 반응을 보인다면, 뭐라고 답변하실 건가요?

---

행동 ① "대체 아빠 엄마가 너한테 못해준 게 뭐가 있어? 넌 왜 그렇게 매사에 자신이 없니?" ▶ 답답한 마음에 아이를 다그친다.

행동 ② "옆집 민정이도 나간다잖아, 너도 할 수 있어!" ▶ 다른 아이들의 예를 든다.

행동 ③ "후우…" ▶ 아무 말 하지 않고, 한숨만 쉰다.

행동 ④ "하기 싫으면 안 해도 돼. 꼭 반장이 돼야 멋진 건 아니야. 사람마다 하고 싶은 것도, 잘하는 것도 다 다르니까." ▶ 아이의 뜻을 존중한다.

---

# "대체 아빠 엄마가 너한테 못해준 게 뭐가 있어? 년 왜 그렇게 매사에 자신이 없니?"

## 답답한 마음에 아이를 다그친다.

아이에게 좋다는 건 최대한 해주려고 노력하다 보니, 양육자 자신도 모르게 이런 말이 나올 수 있지요. 웬만하면 기죽이지 않으려고 힘닿는 데까지 뒷바라지하고 있는데 아이가 못한다고 하면 힘이 빠질 수밖에요. 하지만 이렇게 말하는 건, '그만큼 돈을 들였으니 네가 이 정도는 하는 게 당연하지'와 같은 의미가 됩니다. 마치 아이에게 그간 들인 양육자의 노력, 시간 등을 청구하는 느낌까지 듭니다.

이런 말을 듣고 나면 아이는 어떤 마음이 들까요? 아마도 죄책감이 들 거예요. '맞아. 아빠 엄마는 나를 위해 최선을 다했는데, 난 이것밖에 안 되다니'라는 생각을 하며 아예 자신감을 잃어버리게 되고요. 양육자는 자신감을 가져야 한다는 취지로 말했지만 오히려 역효과가 나는 거죠.

게다가 더 큰 문제는, 단순히 자신감뿐만 아니라 자존감까지도 잃어버릴 수 있다는 겁니다. 자신감은 내가 무언가를 할 수 있다는 느낌인 반면, 자존감은 나 스스로를 존중하고 가치 있다고 느끼는 마음입니다. 대체 왜 이렇게 자신감이 없냐고 다그치는 것은 아이의 자신감과 자존감을 동시에 떨어뜨릴 뿐입니다.

# "옆집 민정이도 나간다잖아, 너도 할 수 있어!"

## 다른 아이들의 예를 든다.

비교는 어떤 상황에서도 아이에게 긍정적이지 않습니다. "민정이도 반장 선거에 나가는데 네가 못할 게 뭐 있어? 너도 나가 봐"라는 말은 결코 긍정적인 효과를 불러올 수 없습니다.

일단 옆집 아이와 비교한 것 자체가 아이에게 큰 부담인데요. 솔이는 옆집 민정이가 매우 뛰어난 친구라고 생각하고 있을 수도 있어요. 그럴 경우에는 "엄마가 몰라서 그래. 민정이가 얼마나 똑똑한데. 나는 걔 못 따라가"라는 대답만 나올 뿐이죠. 자녀의 친구가 실제로 더 뛰어나든 아니든 상관없이, 비교 자체는 아이에게 도움이 되지 않습니다.

두 번째로 "너도 할 수 있어!"라는 부모의 말은 바람직하지 않습니다. '너도'라니요! 이 아이 저 아이 다 쉽게 하는 거니, 너도 바보가 아닌 이상 할 수 있다는 뉘앙스로 들립니다. 게다가 지금 아이는 자신감이 없는 상태예요. 반장 선거에 나갔다가 창피를 당하면 어쩌나 불안합니다. 그런 아이에게 아무 근거 없이 "넌 할 수 있어"라고 말하는 게 도움이 될까요? 부모가 그렇게 밀어붙여서 반장 선거에 나갔다가, 표도 제대로 얻지 못하고 떨어지기라도 하면 아이는 '그럴 줄 알았어. 엄만 나를 잘 몰라. 앞으로는 엄마 말 믿지 않을 거야'라고 생각할 겁니다. 결국, 막무가내 식의 응원은 아이가 앞으로 살아가면서 가져야 할 도전 의지를 오히려 꺾는 결과만 가져오지요.

### 행동 ③

## "후우⋯."

아무 말 하지 않고, 한숨만 쉰다.

혹시라도 혼내거나 부정적인 말을 했다가 그나마 남은 자신감마저 잃을까 봐 부모가 말은 못 하고 한숨만 쉬는 경우도 있습니다. 왜 자꾸 못한다고만 하냐고 다그치자니 아이가 위축될까 봐 걱정이 되는 거지요. 그렇다고 자신감 없는 아이를 마냥 보고 있자니 속이 터집니다.

그런데 이렇게 한숨만 쉬면, 아이가 부모의 속마음을 정말 모를까요? 아이는 은연중에 부모가 답답해하고 속상해하는 걸 너무나도 잘 알고 있어요. 한숨 또한 아이를 다그치는 말만큼 나쁜 영향을 주지요.

### 행동 ④

## "하기 싫으면 안 해도 돼. 꼭 반장이 돼야 멋진 건 아니야. 사람마다 하고 싶은 것도, 잘하는 것도 다 다르니까."

아이의 뜻을 존중한다.

아이가 반장이 되는 걸 굳이 마다할 부모는 없을 겁니다. 간혹 여러 가지 사정으로 인해, 아이가 반장이 되면 뒷바라지를 제대로 못할 것 같으니 '차라리 반장을 안 했으면 좋겠다'는 양육자도 있긴 합니다. 그러나 그런 상황일지라도 아이가 반장이 됐다고 하면 당연히 기쁘지요.

그렇다고 아이를 너무 몰아붙이면, 아이는 앞으로 나가지 못할 뿐 아니라 오히려 그 자리에 주저앉고 맙니다. 부모 입장에서 쉬운 일은 아니지만 아이를 바라보는 관점을 바꿀 필요가 있어요.

어떤 아이는 성격이 소심해서 학교 다니는 동안 반장을 한 번도 하지 못합니다. 하지만 꼼꼼하고 차분하기 때문에 다양한 책을 많이 읽어 생각이 깊지요. 반면 어떤 아이는 덜렁대고 산만해서 정신이 없습니다. 하지만 성격이 털털해서 친구도 많고 다양한 분야에 대한 호기심도 많아요. 이처럼 아이들은 각각의 분명한 강점과 약점을 가지고 있습니다. 내 아이가 가진 성향은, 아이가 살아가면서 일하게 될 분야와 직업에서 탁월한 역량을 발휘하게 만드는 요소가 될 수 있어요.

모든 아이가 다 반장이 될 수는 없습니다. 비록 내 아이가 지금 당장 학교에서 반장은 아니더라도, 그것이 앞으로 또는 미래에도 리더가 되지 못할 거라는 뜻은 아닙니다. 부모가 조바심을 조금 내려놓으면, 아이는 자신이 가진 강점과 특별함을 더 자유롭게 발전시켜 나갈 수 있어요.

# 자신감 없고 두려움 많은 아이에게는 격려가 필요해요

> ## "절대 못한다면서 시작조차 하지 않아요."
> 시도조차 하지 않을 때

할 수 있을지 없을지 시도해 보지도 않고 못하겠다며 뒤로 물러서는 아이들이 있습니다. 한 번이라도 해보고 나서 안 된다고 하면 차라리 나을 텐데, 대충 살피다가 조금이라도 어려울 것 같으면 포기해 버립니다.

이런 아이들은 마음속으로 '괜히 했다가 잘하지 못하면 혼만 날 거야⋯' 하는 생각을 할 확률이 높아요. 이런 생각을 갖게 된 주요 이유가 있는데요. 예전에 무언가 하려고 시도해 봤지만, 아빠 엄마에게서 칭찬을 받기는커녕 "왜 이것밖에 안 되느냐"라는 타박을 들었던 기억이 강했을 수 있어요. 주로 어릴 때부터 공부며 운동 등 뛰어난 면이 많았던 완벽주의형 부모 밑에서 자라는 아이들에게서 대표적으로 나타나는 행동 유형이기도 합니다.

완벽주의형 부모는 본인의 기대 수준에 맞지 않을 경우, 자신도 모르게 아이에게 실망스러움을 표현하기도 하는데요. 예를 들면, "이

정도는 세 살짜리 아기도 하겠다" "넌 더 잘할 수 있잖아. 더 노력해 봐"
라며 인정에 인색하지요. 부모가 갖는 기대치가 너무 높다 보니 아이는
대개 그 수준을 맞추지 못합니다. 이런 상황이 몇 번 반복되면, 아이는
뭔가를 시작할 의욕을 잃고 '하면 뭐 해? 제대로 못한다는 말만 들을 텐
데' 하는 고정관념을 가지고 맙니다. 내 아이가 적극적으로 도전하고 다
양한 경험치를 쌓도록 만들고 싶다면, 이렇게 해보세요.

## Q  아이의 작은 시도에도 칭찬을 아끼지 마세요

이전에 부모가 보여준 부정적 태도 때문에 아이가 위축되어 있다
면, 칭찬으로 자녀의 사기부터 회복시키는 게 우선입니다. 아이가 무언
가를 시도했을 때에는 기회를 놓치지 말고 격려하고 칭찬해 주세요. 이
때 칭찬은 아이가 했던 말이나 행동, 노력, 태도를 구체적으로 언급하며
해주세요. 두루뭉술하게 "와, 너 정말 대단하다"라든가 "역시 우리 아들
이야"라고 하면, 아이가 무엇 때문에 칭찬받는지 잘 모릅니다. 자기가
무얼 잘했는지 분명히 알아야, 이후에도 비슷한 상황이 발생했을 때 스
스로 해볼 용기를 갖게 됩니다.

## Q  아주 작은 목표부터 시작하세요

때로는 아이의 의욕을 북돋우고 동기부여를 해주려는 생각에, 아
예 부모가 목표를 정해주는 경우가 있습니다. "다음 달에는 한자능력
검정시험에 도전해 보자!" "내년에는 코딩시험을 보는 건 어때?"라고

말하는 것이 그런 예지요. 하지만 이 말을 들은 아이는 '난 그런 거 관심도 없고 잘 못하는데 어쩌지? 자격증을 못 따면, 아빠가 실망할 텐데…' 걱정부터 합니다.

어차피 양육자가 그런 자격증이나 시험을 볼 것도 아니잖아요. 그러니 부모가 목표를 정하지 마세요. 특히, 아이에게 성공 경험을 안겨주고 싶다면 아이가 스스로 목표를 정할 때까지 충분히 기다려주세요. 이때 목표는 작고 쉬울수록 좋아요.

## ❓ 아이가 이루어낸 결과물을 소중히 여겨주세요

아이가 열심히 노력했던 결과물들을 소중히 여기는 모습을 보여주세요. 아이가 학교에서 만들어온 각종 모형물이나 그려온 그림들, 꾸준히 써온 일기장과 독서록 등을 의미 있게 생각해 주세요. 아이가 쓴 일기장이나 독서록 등은 학년별로 묶어서 따로 보관해 주시고요, 그림은 가능하면 예쁜 액자에 넣어 잘 보이는 곳에 걸어놓으세요.

"진짜 잘 그리는데? 화가 같아" 등의 과장된 칭찬은 별로 좋지 않아요. 아이가 '뭐가 잘 그렸다는 거야? 우리 반 애들에 비하면 정말 못 그린 건데!'라고 생각할 수 있으니까요. 그보다는 "다양한 색깔들을 사용했구나! 보고 있으니까 무지개가 생각나서 기분이 좋아진다"처럼 좋은 점을 구체적으로 짚어주면서 보는 사람의 느낌까지 전달해 주시면 충분합니다.

아이가 만든 결과물들이 하나둘 늘어나면 보관하는 데에 한계가 올 수 있는데요. 그렇다고 해도 함부로 버리지 마세요. 꼭 버려야 한다면 아이가 잘 기억하지 못하는 옛날 것부터 아이가 눈치채지 못하게 조용히 정리해 주세요. 누구나 자기 물건이나 작품이 쓰레기통에 버려져 있는 걸 보면 상처를 받으니까요.

> ## "아이가 쭈뼛거리며 나서질 않아요."
> 낯을 가리며 의기소침할 때

평소에는 괜찮다가도 여러 사람 앞에 서면 주눅이 들어 한마디도 못 하는 아이가 있습니다. 낯선 사람이 있거나 사람들이 모여있으면 목소리가 작아지면서 귓속말을 하기도 하지요. 어른을 만나도 인사를 하기는커녕 부모 뒤로 숨어버립니다. 친구들과 놀 때도, 자기 주장을 제대로 하지 못해 늘 손해를 보는 것 같고요. 내 아이의 이런 모습, 어떻게 하면 좋을까요?

### ❓ 부담 없이 앞에 나설 기회를 만들어주세요

가족들끼리 일종의 장기자랑 자리를 만들어주세요. 가족 구성원이 각자 노래나 춤, 동시 읽기 등 잘할 수 있는 걸 하나씩 준비해 보여주는 겁니다. 아이에게 줄 상을 미리 준비하셔도 좋아요. 사회는 가족 중 한 명이 맡아서 진행하고요, 차례로 한 명씩 나와서 자기소개를 하고 장기자랑을 시작합니다. 낯가림이 있거나 다른 사람들 앞에 나서는 걸 부끄러워하는 아이들도, 가족들끼리 모였을 때는 부담감을 훨씬 적게 느낍니다.

이때 양육자가 의식적으로 좀 과장되게 행동해도 좋습니다. 아빠가 우스꽝스러운 춤을 추거나 할머니가 평소보다 목소리를 크게 높여 노래를 부르는 거죠. 낯선 사람이 없으니 아이는 부담 없이 앞에 나서기도 해요.

만약 가족 모임에서도 아이가 불편해한다면 참여를 강요해서는 안 돼요. 그저 남들 앞에 나서는 것이 두려운 일이 아니라는 사실, 열심히 참여하고 함께 즐기면 자신도 멋진 주인공이 될 수 있다는 걸 알려주시면 됩니다.

## ❓ 양육자의 인내가 필요해요

남들 앞에서 쭈뼛거리는 아이를 보면 마음이 답답해 "하루 세 끼 다 먹고, 왜 남들 앞에서 말도 제대로 못 해?"하며 버럭 소리를 지르는 부모님들을 종종 보는데요. 이런 분들은 아이를 훈련시켜 보겠다고 일부러 사람들 앞으로 데려가 말을 시켜보기도 합니다.

하지만 양육자의 이런 행동은 아이에게 오히려 부정적인 영향을 미쳐요. 나중에는 사람들이 모인 장소에는 아예 가고 싶어 하지 않지요. 혹여라도 부모가 "사람들 앞에서 어디 한번 해봐"라며 무언가 시킬지 모른다는 두려움이 생겼으니까요.

양육자의 인내가 필요해요. 가급적 아이에게 부담을 주지 마세요.

부담을 줄수록 아이는 더 안으로 움츠러듭니다.

성격에 따라 앞에 나서기를 좋아하는 아이도 있고, 조용히 앉아있기를 원하는 아이도 있기 마련이잖아요. 물론 부모 마음에야 내 아이가 늘 눈에 띄기를 바라겠지만, 아이마다 장단점이 다릅니다. 앞에 나서지 않는다고 해서 능력이 부족한 아이라고 볼 수는 없지요.

## ❓ 어른도 부끄러움을 느낄 때가 있다는 걸 알려주세요

'남들은 아무 문제 없는데, 나만 잘 못한다'는 생각이 아이를 더 움츠러들게 만듭니다. 그러니 아빠나 엄마도 사람들 앞에 나서는 게 부끄러울 때가 있다는 걸 아이에게 알려주세요.

"지난번에 아빠가 친구들 모임에 갔는데, 갑자기 아빠더러 앞에 나가 대표로 인사를 하라는 거야. 아무것도 준비를 못 했는데 사람들은 다 아빠만 쳐다보고 있더라고. 정말 당황했어."

아이가 호기심을 갖고 듣는다면 "너라면 어떡할래?" 하고 물어보세요. 아이에 따라서는 "나 같으면 절대 앞에 안 나가요" 대답하는 아이도 있을 것이고, "그래도 해야 하는 거 아니에요?" 하며 반문하는 아이도 있을 겁니다. 아이의 대답에 맞추어 대화를 이끌어주세요.

"아빠는 얼굴이 빨개지면서 막 떨리더라고. 그래도 일단 앞에 나갔어. 그리고 '와주셔서 고맙습니다'라고만 간단하게 말하고 금방 들어왔지. 휴우! 얼마나 떨렸는지 상상도 못 할걸? 그런데 내 말이 끝나고 나니까 사람들이 박수를 쳐주더라고!"

아이는 그런 상황에서 아빠도 자기처럼 긴장한다는 걸 알고 동질감을 느낍니다. 그리고 아빠가 그 상황을 어떻게 해결했는지, 사람들은 어떤 반응을 보였는지에 관심을 갖지요. 어른도 비슷한 상황에서 당혹스러워한다는 것을 자연스럽게 말해주세요.

# 아이의 자신감을
# 높여주는 대화법

구체적인 칭찬은 아이의 자신감을 빠르게 높여줄 수 있어요. 뭉뚱그려 말하지 마시고 아이가 직접적으로 느낄 수 있게 칭찬해 주세요. 아이에게 부담을 주는 말은 가능하면 사용하지 마시고요.

- **이렇게 말해보세요**

  - 아직 안 배운 문제인데 풀어보려고 노력했구나. 잘했어!

  - 장난감들이 제자리에 놓여있네. 깨끗하게 잘 치웠어.

  - 사람들을 만날 때마다 인사를 잘하는구나. 동네 어른들이 네 칭찬 많이 하시더라.

  - 숙제하라는 말도 안 했는데, 숙제 먼저 해놨네. 와, 아빠가 깜짝 놀랐어.

  - 종이접기를 아주 꼼꼼하게 하는구나.

  - 양치질을 하루에 두 번씩 잊지 않고 하네. 자기 일을 스스로 하다니, 자랑스러운걸!

  - 엄마가 아플 때 설거지 도와줘서 고마워. 네가 내 아들이어서 행복해.

  - 텔레비전 끄라는 말도 안 했는데, 시간되니까 딱 끄네! 대단하다!

| 부담을 주는 부모의 말 | 자신감을 주는 부모의 말 |
| --- | --- |
| 다음번에는 꼭 1등 하자. | 네가 얼마나 열심히 했는지가 더 중요해. |
| 더 잘할 수 있겠지? | 열심히 하면 그걸로 충분해. |
| 넌 꼭 해낼 수 있을 거야. | 했다가 실패해도 얼마든지 괜찮아. |

# "게임, 스마트폰만 하려고 해요"

얼마 전 민수 엄마는 아이에게 게임기를 사주었습니다. 처음에는 숙제를 다 한 후 딱 30분씩만 하기로 약속했지요. 그런데 게임 시간이 점점 늘어나더니, 어느 날부터인가 두세 시간을 넘깁니다.

"이제 그만 게임기 꺼라."

엄마가 좋은 목소리로 말해도 민수는 건성으로 "네" 할 뿐입니다. 잠시 후 방에 가보면 여전히 게임기에 푹 빠져있습니다. 어느 날은 밤에 이불을 뒤집어쓰고 몰래 게임하는 걸 보기도 했어요. 보다 못해 게임기를 압수하자, 아이가 화를 냅니다.

"내가 좋아하는 건 다 못하게 하고! 엄마 미워! 나도 이제부터 엄마가 하라는 공부는 절대 하지 않을 거야!"

아이들은 어른보다 유혹에 더 약합니다. 어른도 게임기나 스마트폰, 컴퓨터 같은 시각적 자극이 강한 유혹에 쉽게 빠지는데, 심적으로나 감정적으로 어른보다 약한 아이는 더 쉽게 빠져들 수밖에 없겠지요. 그렇기 때문에 부모님의 적절한 보호가 반드시 필요합니다.

자신이 좋아하는 일이나 물건 등 한 가지에 중독되는 아이들의 행동을 제어하는 건 결코 쉽지 않아요. 그렇게 중독된 아이의 거친 반응을 맞닥뜨리면 대부분의 부모는 당황하거나 소리치고, 강압적인 태도를 보입니다.

양육자인 나는 평소에 어떻게 행동하나요? 아래 네 가지 유형 중에서 어떤 항목과 가장 비슷한가요?

---

행동① "하지 마! 공부고 뭐고 다 때려치워!" ▶ 소리를 지른다.

행동② "좋아. 이번 한 번만 돌려줄게. 하지만 다음에도 또 그러면 정말 압수할 거야." ▶ 게임기를 돌려준다.

행동③ "이리 줘! 아예 없애야겠다." ▶ 아이가 보는 앞에서 게임기를 쓰레기통에 버린다.

행동④ "네가 게임 시간을 지키지 않아서 엄마가 속상해. 일단 게임을 멈추고, 엄마랑 잠깐 이야기할까?" ▶ 아이와 대화를 시도한다.

---

# "하지 마! 공부고 뭐고 다 때려치워!"
소리를 지른다.

이런 유형은 감정을 참지 못하는 맞대응형 양육자입니다. 아이의 반발에 즉각적으로 반응을 보이는 유형이지요. 사실, 게임에만 빠져있는 아이를 보고도 울화가 치밀지 않는 부모는 없을 거예요. 당연히 속이 상하고 걱정도 됩니다.

하지만 부모가 화를 낸다고 아이가 게임을 자발적으로 그만두는 일은 거의 일어나지 않아요. 부모가 화를 내면 낼수록, 아이는 어떻게 하면 몰래 게임을 할 수 있을까 고민하면서 부모의 눈을 피할 수 있는 장소와 시간대를 찾을 뿐이죠. 아이들이 집이 아닌 PC방으로 가거나, 아빠 엄마가 모두 잠든 늦은 시간에 게임을 하는 건 화부터 내는 부모의 눈을 피하기 위해서입니다.

그런데 모든 일이 그렇듯이 음성화되면 더 위험해집니다. 그렇게 될 바에는 차라리 양육자가 보는 앞에서 게임을 하는 편이 훨씬 나아요.

행동 ②

# "좋아. 이번 한 번만 돌려줄게.
# 하지만 다음에도 또 그러면 정말 압수할 거야."
게임기를 돌려준다.

이 유형은 아이에게 감정적으로 약한 양육자입니다. 게임기를 압수했을 때 아이가 보이는 반응에 마음이 약해지는 거지요. 하지만 양육자가 이렇게 행동하고 나면, 아이는 다음번에도 동일한 상황이 발생했을 때, 양육자가 또 물러날 거라고 생각합니다. 대부분 실제로 그렇기도 하고요. 이 경우, 부모가 아이를 지나친 게임 몰입이나 나쁜 습관으로부터 떼어놓을 확률은 제로에 가깝습니다.

양육자에게는 좋지 않은 영향을 미치는 위험 요소로부터 아이를 보호해야 할 책임이 있습니다. 당장은 아이가 속상해하고 힘들어하겠지만, 그런 아이의 모습에 휘둘리지 말고 단호한 태도를 보여야 합니다.

### 행동 ③
## "이리 줘! 아예 없애야겠다."
아이가 보는 앞에서 게임기를 쓰레기통에 버린다.

다소 극단적으로 행동하는 유형의 양육자로 보입니다. 물론 게임기를 갖다 버리는 이유는 아이를 위한 마음에서일 겁니다. 하지만 순간적인 격분도 일부 작용한다는 걸 양육자 스스로도 알고 있을 거예요.

아이의 감정은 아직 성숙되지 못한 상태예요. 도대체 왜 게임을 오래 하면 안 되는지 알지 못하는 아이는, 부모가 자신의 눈앞에서 애지중지하던 게임기를 버리는 모습을 보며 충격과 상처를 받습니다. 그러고는 '내가 그토록 아끼는 걸 버리다니! 엄마는 날 사랑하지 않는 게 분명해!'라고 생각하며, 부모의 극단적인 행동을 애정과 관심, 사랑 부족이라고 여기게 됩니다.

상황이 어떻든 아이와의 관계에서는 극단적인 행동을 피하는 게 안전해요. 원래의 목적과는 달리 아이가 큰 상실감만 느끼게 될 수 있으니까요.

### 행동 ④
## "네가 게임 시간을 지키지 않아서 엄마가 속상해. 일단 게임을 멈추고, 엄마랑 잠깐 이야기할까?"
#### 아이와 대화를 시도한다.

게임을 좋아하는 아이의 마음을 인정해 주면서, 부드럽게 대화로 이끄는 현명한 양육자 유형입니다. 아이가 아직 어리기는 하지만, 당연히 아이 나름대로의 생각과 호불호가 있어요. 그런데 무작정 게임기를 뺏거나 게임을 하지 못하게 막고 제대로 설명조차 해주지 않으면, 아이 입장에서는 황당할 수밖에 없지요.

"하루 종일 게임만 해서 대체 뭐가 될래?"라든가, "내가 분명 그만 하라고 했는데, 엄마 말 안 들려?"라는 말 속에는 정작 게임을 하면 왜 안 되는지에 대한 설명은 빠져있고 아이를 공격하는 말만 가득합니다. 결국, 아이는 납득하지 못한 채 불만만 쌓이게 되지요.

그러니 일단 게임에 대해 아이와 이야기를 나눌 수 있는 시간을 만들어주세요. 게임을 하지 못하게 하려고 부모가 잔소리를 시작한다는 선입견을 갖지 않도록 주의하면서요. 아이가 평소 좋아하는 간식을 먹으면서 대화하는 것도 좋습니다. 그러면서 조심스럽게 "네가 게임을 너무 오래 하니까 엄마는 속상해"라는 이야기로 시작해 보세요. 그다음에는 "엄마가 제일 좋아하는 텔레비전 프로그램 알지? 근데 저녁이 되어서 가족들이 배가 많이 고픈데, 엄마가 두 시간 동안 드라마를 보면서 너에게 밥을 안 차려주면 어떨 것 같아?" 하고 물어보세요.

이 질문에 아이가 "그럼 내가 알아서 차려 먹으면 되죠!"라고 답할 수도 있어요. 아이도 눈치가 있으니, 엄마가 무엇을 말하려고 이런 예시를 드는지 대충 알 테니까요. 정답을 강요하지 마시고 차근차근 대화를 이어나가세요. 일단, 게임이라는 주제에 대해 아이와 이야기를 나눌 수 있는 것 자체만으로도 의미가 있으니까요.

"물론 네가 차려 먹을 수 있지. 하지만 엄마는, 너를 잘 먹이고 키울 의무가 있거든. 엄마 할 일을 전혀 안 하고 너와 놀아주지도 않고 계속 드라마만 본다면 네가 슬프지 않겠어?" 정도로 말씀해 주셔도 됩니다. 비록 그 자리에서 부모가 원하는 답을 말하지 않을지라도, 아이는 마음속으로 생각합니다. '아, 이게 그런 경우랑 비슷하구나' 하고 말이지요.

아이 입장에서는, 다른 친구들도 모두 게임을 하고, 손만 뻗으면 얼마든지 컴퓨터나 스마트폰으로 신나는 시간을 보낼 수 있으니 시간을 조절하는 것이 쉽지 않을 거예요. 그러니 극단적으로 게임을 금지하기보다는, 수시로 대화를 나누며 아이가 스스로 자제할 필요가 있다는 생각을 갖도록 유도하는 것이 중요하답니다.

# 아이가 무엇에 중독됐는지에 따라
# 해결 방법이 달라요

> ## "게임기만 있으면 밥 먹는 것도 귀찮아해요."
> 게임에 중독된 경우

요즘에는 부모가 보더라도 단번에 매혹당할 만한 게임들이 앞다투어 나오고 있습니다. 특히 스마트폰이나 아이패드와 같은 기기들로, 언제 어디서나 게임을 즐기기 좋은 세상이 되었지요.

식당에 가보면 음식이 나오기를 기다리는 동안 게임을 하고 있는 아이들을 많이 볼 수 있습니다. 예전에는 가족들이 모여 식사를 할 때면 그동안 나누지 못했던 각자의 재미있는 이야기나, 주변의 크고 작은 사건들을 도란거리곤 했지요. 그런데 언제부터인가 그 대화 현장에서 아이들이 빠지기 시작했습니다. 바로 게임 때문입니다.

얼마 전 약속이 있어 커피숍에서 누군가를 기다리고 있을 때였는데요. 바로 앞 테이블에서 아버지와 아들이 샌드위치를 시켜놓고 먹고 있었어요. 아버지는 아들에게 "요즘 학교생활 어때?" 하고 물었습니다. 아들은 휴대전화를 들고 게임을 하면서 형식적으로 "네, 네"만 하고 있었습니다. 결국 제가 먼저 자리를 뜰 때까지 그 아버지와 아들이 나눈 말은 몇 마디 되지 않았습니다. 부자 사이를 가로막은 장애물은 다름 아닌 게임이었어요.

그렇다면 아이들은 왜 게임에 자꾸 집착하게 되는 걸까요? 이유는 여러 가지가 있겠지만, 제가 살펴본 아이들 대부분은 즐겁게 할 수 있는 활동을 스스로 선택하지 못한다는 특징이 있었습니다. 그 아이들이 할 수 있는 건 공부와 게임, 단 두 가지뿐이었습니다.

이렇게 말씀드리면 부모님들은 저에게 반문하세요. "왜 두 가지뿐인가요? 피아노도 치고, 농구나 태권도, 하키도 하는걸요!" 안타깝게도 그러한 것들은 아이가 하고 싶어서 했다기보다는 부모의 욕심으로 시작한 것들일 확률이 높아요. 순수하게 아이가 재미를 느껴서가 아니라요. 대부분은 키가 크는 데 도움이 되거나, 방과후활동 옵션 중 하나로 선택했거나, 학교 교과에 필요하거나, 향후 진로와 관련이 있는 것들이 많지요.

물론 아이에게 새로운 것을 시도할 기회를 준 것은 매우 바람직합니다. 그러나 일정 기간 해본 아이가 "엄마, 나 이거 안 배울래. 재미없어" 했을 때, 선뜻 아이의 말을 들어주었나요? 피아노를 치면 음감이 발달하고, 농구를 하면 키가 크니까 아이가 하기 싫어해도 계속 시키지는 않았나요?

이런 상태에서 자신의 흥미를 확 끌어당기는 게임이나 동영상 등을 접하면, 아이는 거기에 완전히 몰입하게 됩니다. 스스로 재미있거나 관심을 느껴서 무언가를 해본 경험이 거의 없기 때문이에요. 그래서 빠져드는 몰입 강도가 매우 높아집니다. 그러면서 점차 주변의 다른 것들을 귀찮아합니다. 게임 외에는 특별히 재미있는 것이 없거든요. 공부는 말할 것도 없고, 책 읽기나 운동, 먹는 것, 심지어 잠자는 것도 싫어합니다. 학교 친구들과 만나서 노는 것도, 부모와 이야기하는 것도 싫어하지요. 그러다 보면 학교생활에도 적응하지 못하고 부모와의 갈등은 점점 깊어집니다. 게임에 빠진 우리 아이, 어떻게 하면 좋을까요?

## ❓ 외식할 때 스마트폰이나 게임기를 주지 마세요

때때로 부모나 가족들이 편하게 밥을 먹기 위해 아이에게 스마트폰을 주고 게임을 하게 하는 경우가 있습니다. 이건 결코 좋은 방법이 아닙니다. 가능하면 아이가 어릴 때부터 게임을 접하지 않도록 해주세요. 어차피 학교에 들어가고 친구들과 어울리다 보면 자연스럽게 컴퓨터 게임을 하게 되기 마련이니까요.

보통 아이가 어렸을 때에는 귀여운 동물들이 뗏목을 건너는 게임이나, 같은 모양을 맞추는 카드 게임 등을 하는데요. 시간이 지나 초등학교 고학년, 중학생이 되어서도 그런 게임을 할까요? 그렇지 않습니다. 일찍부터 게임에 익숙해진 아이들은 초등학교 고학년이나 중학생이 되면, 더 폭력적이고 자극적인 게임을 찾아 몰두하게 됩니다. 부모가 잠시 편하자고 아이에게 너무 이른 시기부터 게임과 동영상을 접하게 하지 마세요.

하지만 이제 게임을 무조건 나쁘다고만 볼 수는 없어요. 컴퓨터나 기타 IT 기기에 익숙한 요즘 아이들을 위해, 게임 방식으로 만든 교육용 프로그램들도 많으니까요. 게다가 아무리 자녀를 게임으로부터 보호하려 해도, 아이는 어쩔 수 없이 다양한 상황에 노출될 수밖에 없습니다. 따라서, 가능하면 안전하고 좋은 콘텐츠의 게임을 할 수 있도록 지도해 주시는 것이 더 현명합니다.

## ❶ 컴퓨터를 거실로 옮기세요

컴퓨터를 거실이나 집안 공용 공간으로 옮기시라는 이유는, 아이를 감시하기 위해서가 아닙니다. 아이가 요즈음 어떤 게임을 하고 있는지 부모가 아는 것이 중요하기 때문이에요. 아무리 부모가 "어떤 게임 하니?" 하고 물어봐도, 아이는 혼이 날까 봐 대답을 회피하는 경우가 많으니까요.

특히 자신이 즐기고 있는 게임이 폭력적이거나 교육상 좋지 않다는 걸 어렴풋이 알고 있는 경우에는 더더욱 입을 다뭅니다. 그러니 컴퓨터를 개방된 장소로 옮겨주세요. 게임기를 사용할 때는 거실에서만 할 수 있도록 규칙을 정해주세요. 그러면 아이가 하는 게임이 무엇인지, 몇 시간이나 게임을 하는지 관찰하기가 훨씬 수월해질 테니까요.

## Q 게임 시간을 정해주세요

이미 아이가 게임에 맛을 들였다면 단번에 게임을 하지 못하게 막을 수는 없습니다. 이때는 우선 게임 시간을 명확히 정해주세요. 그리고 게임의 부작용을 차근차근 설명한 후, '하루에 한 시간씩'과 같은 규칙을 정해주세요. 규칙은 크게 적어서 컴퓨터 위에 붙여주시고요. 만약 아이가 정해진 시간을 초과해서 게임을 했다면, 다음 날에는 초과한 시간만큼 줄이기로 약속하고 시행하세요.

게임 때문에 아이와 실랑이를 벌이는 양육자들은 이 방법을 대개 써보셨을 거예요. 그리고 실제로는 정해진 시간이 잘 지켜지지 않는다는 걸 알게 되셨을 수도 있어요. 비록, 아이가 정해진 게임 시간을 넘겨서 속이 상하셨다고 해도, 시간을 정해두는 건 중요한 의미가 있습니다. 무한정으로 제약 없이 게임을 하면 안 된다는 걸 적어도 의식은 하게 되니까요.

한편, 게임 시간을 잘 지켰다고 해서 "내일은 10분 더 하게 해줄게" 같은 약속을 하는 건 좋은 방법이 아닙니다. 게임은 오래 하면 할수록 빠져나오기 힘들어지기 때문이죠. 규칙을 잘 지키면, 아이가 좋아하거나 흥미를 가질 만한 다른 것으로 상을 주세요. 예를 들어 가족이 함께 할 수 있는 보드게임을 사주거나, 함께 자전거를 타거나 영화를 보러 가기로 약속해 주세요. 세상에는 게임 외에도 재미난 놀이가 많다는 것을 부모의 잔소리가 아닌 실제 경험으로 체험하는 기회가 될 거예요.

아이가 가장 쉽게 중독되는 것 중 하나가 바로 텔레비전입니다. 집에서 심심할 때 가장 먼저 눈에 띄는 놀잇거리가 바로 텔레비전이니까요. 요즘은 인터넷을 통해 볼 수 있는 텔레비전 서비스인 OTT Over The Top 영상 콘텐츠들이 정말 많아요. 리모컨 버튼만 누르면 재미있는 영화와 예능, 만화 등이 쏟아집니다.

물론 TV 프로그램이나 영상 콘텐츠가 무조건 나쁜 건 아닙니다. 다만, 장시간 시청할 경우 다양한 부작용이 있어요. 왜냐하면 매체가 가진 전달 방식 자체에 한계가 있어서, 쌍방향 소통이 아니라 일방적으로 메시지나 내용을 전달하기 때문이에요. 그리고 아직까지 옳고 그름을 분명하게 판단할 수 없는 아이들은 그 정보를 무방비 상태로 받아들입니다.

방송에 나오는 날씬하고 멋진 연예인들을 본 아이가, 밥을 제대로 먹지 않거나 외모에만 지나치게 관심을 두기도 합니다. 또 폭력적인 장면을 보고는 그대로 따라 해보고 싶어서 친구에게 똑같이 폭력을 휘두르는 경우도 있지요. 드라마나 영화 속에서 주인공이 담배를 피우거나 술에 취하는 걸 보면, '나도 해보고 싶다'는 충동을 느끼기도 합니다.

학계에 발표된 일부 연구 결과를 보면, 텔레비전을 보거나 게임을 하는 동안에는 인간의 뇌가 정상적으로 움직이지 않는다고 합니다. 언제든 버튼만 누르면 누릴 수 있는 이런 서비스들이 아이의 두뇌와 감정에 나쁜 영향을 미친다는 건 참 무서운 일이지요. 텔레비전 중독을 예방하려면 이렇게 해주세요.

## Q  텔레비전을 아이의 눈앞에서 치워주세요

텔레비전을 눈앞에 안 보이도록 해주세요. 눈에서 멀어지면 관심도 그만큼 사라지게 됩니다. 안방이나 서재 등 아이가 자주 들어가지 않는 장소로 옮겨주세요.

그런데 가족들 중 텔레비전의 장소 이동을 원하지 않는 사람이 있을 수도 있습니다. 그럴 때는 텔레비전을 켜기 번거롭게 만들어주세요. 예를 들어 텔레비전을 덮개로 덮어놓거나, 가리개로 가려주세요. 텔레비전을 보려면 덮개를 치우거나 박스를 옮기는 등 귀찮은 과정을 거치게 만드는 거지요. 텔레비전 두 번 켤 것을 한 번으로 줄이는 효과가 있습니다.

## Q  시청할 프로그램을 함께 정하세요

가족이 모두 모여 각각 보고 싶은 프로그램의 종류와 개수를 선택하고, 해당 프로그램만 보기로 약속합니다. 예를 들면 아빠는 예능과 뉴스 프로그램 한 개씩, 엄마는 드라마 한 개와 시사 프로그램 한 개, 아이는 만화 프로그램 두 개를 정하되, 각자 하루에 최대 두 시간을 넘지 않도록 합니다.

중요한 것은 부모부터 규칙을 잘 지켜주셔야 아이도 지킨다는 점이에요. 부모가 먼저 모범을 보여주세요.

## **❓ 케이블 방송을 해지하세요**

옛날에는 텔레비전 채널이 서너 개 정도밖에 되지 않았어요. 그래서 그 채널에서 재미있는 프로그램을 하지 않으면 이내 텔레비전을 껐습니다. 하지만 요즘에는 수십, 수백 개의 채널과 OTT를 통해 입맛에 맞는 내용을 골라 볼 수 있게 되었습니다. 아이들을 위한 애니메이션, 게임 방송도 다양해졌고요. 그러다 보니 이리저리 채널을 돌려가며 시간 가는 줄 모르고 보게 됩니다.

아이가 텔레비전에서 벗어나지 못하는 것이 걱정된다면 과감하게 가입한 채널을 해지하거나 관련 앱을 삭제하세요. 그렇게 되면 정규 방송 외에는 시청할 만한 프로그램이 거의 없기 때문에 자연스럽게 텔레비전과 멀어지게 될 겁니다.

> ### "만화책은 스무 권씩 읽으면서 동화책은 멀리해요."
> 만화책에 중독된 경우

예전에는 만화책이 그저 오락용에 불과했습니다. 그런데 요즘에는 교육용으로 나오는 만화책들이 정말 다양해졌지요. 내용을 들여다보면, 아이에게 유익한 내용을 쉽고 재미있게 담고 있는 경우가 많습니다. 그런데 문제는 이런 만화책만 즐겨 보다 보면, 글밥이 많은 책을 멀리하게 된다는 점입니다. 시각적 자극이 적고 글이 많은 일반 책은 딱딱하고 어려워 보여서 읽으려 하지 않지요.

대개 만화책은 시리즈물이 많아서, 아이들은 20권, 30권씩 연달아 읽기도 합니다. 상대적으로 명작 소설이나 역사책, 고전 등은 쳐다보지 않습니다. 그런데 아쉽게도 만화책이 줄 수 있는 깊이에는 한계가 있습니다. 보다 못한 부모가 "이 책부터 읽은 다음 만화책을 보자"라며 회유해 보지만 아이는 부모가 준 책은 대충대충 읽고, 다시 만화책을 잡습니다. 우리 아이, 괜찮을까요?

## Q  아이가 자기 전, 책을 읽어주세요

하루 일과를 끝내고 잠자리에 누워있는 아이는 몸의 긴장뿐 아니라 마음도 한결 편안해진 상태입니다. 무언가를 받아들이기 쉬운 시간이기도 하지요. 그러니 아이가 침대에 누워 잠들기 전에 책을 읽어주세요.

부모에 따라서는 "우리 아이가 초등학교 6학년이나 되었는데 책을 읽어주라고요? 그럴 나이는 지났잖아요?"라고 말할 수도 있습니다. 하지만 누군가 책을 읽어주면, 듣는 동안 머릿속에서 내용에 대해 상상해 보는 훈련이 되기 때문에, 어느 연령대의 아이에게나 두뇌 및 창의력 개발에 도움이 된답니다.

아이에게 매일 밤 책을 읽어준다는 게 말처럼 쉬운 일은 아니지요. 하지만 자기 전 책을 읽어주는 것은 아이가 책을 좋아하게 만들 뿐 아니라, 부모와 아이 사이에 친밀함을 만들어주기도 합니다.

## ❓ 일주일에 한 번, 아이와 함께 도서관에 가세요

대부분의 도서관에는 만화책이 없습니다. 대신 아이의 눈높이에 맞는 책들이 다양하게 구비되어 있지요. 도서관에 가면 자연스럽게 또래 친구들이 책을 읽는 모습을 보게 되는데, 그것을 보는 것만으로도 아이가 느끼는 게 생겨요. 물론 도서관에 가자마자 아이가 "그만 가요, 재미없어요" 하며 손을 잡아끌 수도 있습니다. 그렇더라도 일주일에 한 번 정도는 아이와 함께 동네 도서관에 놀러가세요. 5분도 좋고, 10분도 괜찮습니다. 책은 읽지 않고, 휴게실이나 야외 벤치에서 놀다 와도 괜찮습니다.

제가 아는 아이 중에, 다이빙을 유난히 무서워하는 아이가 있었습니다. 수영장에 데리고 간 아빠가 수차례 시범을 보이며 다이빙을 해보라고 권했지만, 아이는 시도조차 하지 못했습니다. 그런데 어느 날, 그 수영장에 비슷한 또래의 아이가 등장했어요. 그 아이는 수영장에 들어오자마자 물속에 첨벙 뛰어들더니 깔깔대며 즐겁게 웃었고요. 잠시 후 옆에서 그 모습을 보고 있던 아이가 갑자기 물속으로 뛰어들었습니다. 아빠는 깜짝 놀랐어요. 대체 무슨 일이 벌어진 걸까요?

아이가 물속에 뛰어든 이유는 간단합니다. 자기 또래의 아이가 다이빙하는 것을 보고, '나도 할 수 있겠다' 싶었던 겁니다. 아이들은 자기와 비슷한 또래 친구를 보며 쉽게 행동을 모방합니다.

옆집 아이가 다이빙을 잘한다고 아빠가 백 번 말해줘도 소용없어요. 그래서 옛말에, '백 번 듣는 것보다 한 번 보는 것이 낫다'고 하지요. 직접 아이 눈으로 확인시키는 게 가장 효과적인 방법입니다. 이것은 앞서 설명한 긍정적인 감정을 경험시키는 방법이기도 하고요.

### ❓ 아이의 동선 곳곳에 책을 놔두세요

거실, 아이 방, 화장실, 식탁 등 아이가 생활하는 집 안 곳곳에 책들을 그냥 놔두세요. 읽으라고 강요하지 말고 가져다 놓기만 하세요. 아이가 부담감을 느끼지 않도록 하는 게 중요합니다. 부담감은 오히려 사람이 무언가를 더 싫어하게 만들기도 하거든요.

책의 내용은 아이가 관심 있어 하는 분야일 경우 더 좋아요. 예를 들어, 아이가 공룡에 관심이 있다면 공룡과 관련된 책들을 화장실에 비치해 두세요. 그러면 아이가 화장실에서 볼일을 보다가도 무심코 펼쳐볼 수 있지요. 오랜 시간은 아닐지 모르지만, 한두 장씩 넘기며 틀림없이 관심을 보일 거예요. 이렇게 하면 만화책이 아닌 책 중에도 재미있는 책들이 있다는 걸 아이에게 부담을 주지 않고도 알려줄 수 있어요.

## TV, 게임, 만화책 중독을 예방하는 재미있는 놀이

양육자 감정
카운슬링

아이들에게 텔레비전이나 게임이 두뇌에 미치는 부정적인 영향을 아무리 알려주어도 당장 큰 효과를 보기는 어렵습니다. 그보다는 텔레비전과 게임, 만화책 등을 대체할 즐거움을 찾아주는 편이 좋습니다.

- **이렇게 해보세요**

  **보드게임**

  보드게임은 아이로 하여금 사람들과 소통하는 능력과 집중력, 주의력, 논리력을 키울 수 있도록 도와줍니다. 특히 부모나 가족이 함께 참여하면 아이는 더 신이 나서 보드게임에 몰입하지요. 또 이런 게임을 하다 보면, 이기거나 질 때 스스로 감정을 다스리는 훈련의 기회도 가질 수 있으니 일석이조랍니다.

  **나만의 책 만들기**

  아이와 함께 '나만의 책'을 직접 만들어보세요. 아이가 책을 읽는 것도 싫어하는데 어떻게 책을 만들게 하느냐고 걱정하는 부모님들이 있습니다. 그런데 그런 아이들조차 자기가 직접 주인공을 상상해 내어 스토리를 짜는 건 즐거워합니다.

  처음부터 아이가 대단한 책을 만들 거라고 기대하지 마세요. 앞뒤 문맥도 맞지 않고, 내용도 이해하기 어려울 만큼 엉성할 수도 있습니다. 그림만 그려서 넣을 수도 있고요. 상관없습니다. 아이는 자신만의 상상력을 동원해 이야기를 꾸며나갈 때 짧지만 매우 강력한 몰입을 경험하기 때문입니다. 텔레비전, 게임 등이 아닌 다른 무언가에 몰입하는 경험이 조금씩 쌓이는 게 중요합니다.

# "부모를 무시하고 떼를 써요"

학원에서 돌아온 아이가 선생님이 내준 숙제를 하다 모르는 게 있는 지 자꾸 고개를 갸우뚱합니다. 엄마가 숙제를 봐주려고 다가가 물어봅 니다.

"왜 그래? 모르는 거 있니? 엄마가 봐줄까?"

그러자 아이가 고개를 저으며 말합니다.

"이따가 아빠 오시면 물어볼래요."

"가져와 봐, 엄마가 봐줄게."

그러자 아이가 대뜸 얼굴을 찌푸립니다.

"싫어요. 엄마는 잘 모르잖아요. 그냥 이따 아빠한테 물어볼 거야."

갓 태어나서 모든 걸 부모에게 의지하던 아이가 조금씩 커가면서 본인의 의지대로 의사결정을 하기 시작합니다. 식탁에서 직접 수저를 들고 밥을 먹으려 하고, 유치원에 갈 때는 양말을 직접 신고 본인이 입고 싶은 옷을 고르려 하지요. 부모는 성장하는 자녀를 보며 뿌듯함을 느끼면서도 왠지 모를 서운함도 동시에 느낍니다.

그런데 하물며, 어느 순간 아이가 양육자를 무시한다는 느낌이 든다면 섭섭한 마음을 감출 수 없겠지요. 그래서 욱하는 마음에 아이에게 감정적인 반응이 먼저 튀어나가기도 합니다. 아이가 이런 반응을 보일 때 나는 어떻게 대처하고 있나요?

---

행동 ①  "엄마가 뭘 몰라! 쪼끄만 게 벌써부터 엄마를 무시해?" ▶ 열을 내며 대응한다.

행동 ②  "좋아, 앞으로는 엄마한테 아무것도 물어보지 마!" ▶ 삐친다.

행동 ③  "엄마도 잘 알거든? 지난번에 엄마가 다 가르쳐줬잖아!" ▶ 아이와 실랑이를 벌인다.

행동 ④  "네가 그렇게 말하니까 엄마가 좀 속상하다." ▶ 양육자가 느낀 감정을 말해준다.

---

# "엄마가 뭘 몰라! 쪼끄만 게 벌써부터 엄마를 무시해?"

## 열을 내며 대응한다.

힘들게 낳아 정성껏 길러놨더니, 어느새 머리 좀 굵어졌다고 엄마를 무시한다는 생각이 훅 듭니다. 아무리 어른이고 양육자라도 마음이 상할 수 있지요.

요즘 초등학교 고학년 수학이나 영어는 예전보다 많이 어려워졌습니다. 답안을 미리 보지 않으면, 어른도 풀기 어려울 정도로 까다로운 문제도 있습니다. 그런데 아빠나 엄마가 한두 번 그런 문제들을 틀리거나 어려워하면 아이는 곧 이런 식으로 부모를 무시하는 말을 할 때가 있어요.

"에계! 엄마도 이 문제 못 푸는 거야?"

자녀에게 이런 말을 들으면, 별일 아닌데도 자존심이 상하지요. 하지만 아이가 이렇게 말한다고 해서 꼭 부모를 무시하는 건 아닙니다. 그러니 아이의 말에 너무 민감하게 반응할 필요가 없어요. 부모가 민감하게 반응하면, 그런 반응이 재미있어서 오히려 이런 행동을 되풀이할 수도 있습니다.

# "좋아, 앞으로는 엄마한테 아무것도 물어보지 마!"

### 삐친다.

물론 부모도 성인군자가 아니니 얼마든지 삐칠 수 있습니다. 하지만 아직 나이가 어린 자녀는, 자기가 무엇을 잘못했는지, 어떻게 부모의 마음을 풀어줘야 하는지 잘 모릅니다. 그런 아이를 상대로 삐치는 건 의미가 없지요. 게다가 엄마가 삐친 상태에서 자리를 이동해 버리면, 부모와 아이가 서로 마음을 풀 수 있는 기회가 사라져 버립니다. 결국 찜찜함만 남긴 채, 이 문제에 대해 서로 솔직하게 대화할 기회를 놓치게 되지요.

# "엄마도 잘 알거든? 지난번에 엄마가 다 가르쳐줬잖아!"

### 아이와 실랑이를 벌인다.

아이의 생각이 틀렸다는 걸 설득시키고 싶어 양육자가 아이에게 꼬치꼬치 묻고 따집니다.

"왜 그렇게 생각하는데? 지난번에 엄마가 가르쳐줬던 거 생각 안나?"

이 말에 아이가 수긍하지 않고, "엄마가 언제요? 난 전혀 기억 안 나는데?" 하면 그때부터 말싸움이 벌어지지요. 한창 짓궂어지기 시작하는 초등 시기의 아이들은 어른들 말에 토 달기를 좋아하기 때문에 이런 방법은 오히려 역효과를 불러옵니다. 아이의 잘못된 행동을 고쳐주는 게 아니라 부모가 또래 친구처럼 같이 싸우게 되거든요.

이때 옆에서 아빠나 다른 가족이 "둘이서 왜들 싸워?" 말이라도 한마디 던지면 순식간에 또래 간 유치한 싸움으로 전락해 버립니다. 이렇게 되면 아이 앞에서 양육자의 자존심까지 상하게 되죠.

### 행동 ④

## "네가 그렇게 말하니까 엄마가 좀 속상하다."

### 양육자가 느낀 감정을 말해준다.

아이들은 자신이 말하거나 행동하는 걸 보호자가 다 받아주고 이해해줄 거라고 생각합니다. 그래서 친구에게는 하지 못할 심한 말을 보호자에게는 쉽게 내뱉기도 합니다.

"엄마, 바보야? 그것도 몰라?"

"할머니가 학교 오는 거 창피해서 싫어."

"아빠는 몰라도 돼. 그리고 어차피 가르쳐줘도 몰라."

물론 아직 어린 아이의 입장에서, 양육자가 얼마나 상처 입을지 모르고 하는 말이니 받아줄 수도 있습니다. 하지만 이런 언어 습관이 몸에 배면, 성장한 후에도 남에게 상처 주는 말들을 쉽게 하게 됩니다.

아이가 어떤 어른으로 성장하는가는 습관 들이기에 달려있다 해도 과언이 아니에요. 어릴 적 '귀엽다, 잘한다' 소리만 들으며 응석받이로 자란 아이가, 어른이 되어서 부모의 희생이나 어려움을 몰라주는 이유도 그 때문이죠.

아이에게 부모의 감정을 솔직히 표현하세요. "네가 그러니까 엄마 마음이 아프다"라거나 "그 말을 들으니까 서운하다"라고 이야기하면 대부분의 아이들은 당황합니다.

'어? 엄마는 내가 뭐라 해도 다 괜찮을 줄 알았는데.'

엄마의 마음도 자신의 마음처럼 다치고 아플 수 있다는 걸 아이에게 가르쳐주세요. 그래야 상대방의 감정을 배려할 줄 아는 아이로 성장합니다.

# 말대꾸하고, 욕하고, 떼쓰는 아이 상황별 대처법

> ## "아이가 간섭하지 말라며 대들어요."
> ### 지나치게 말대꾸하는 경우

부모의 말에 사사건건 토를 다는 아이가 있습니다. 양육자의 말을 잘 듣고 지시도 잘 따르던 아이가 갑자기 변하는 데에는 오랜 시간이 걸리지 않아요.

매년 새로운 친구들을 만나고 다양한 상황을 접하면서 아이들은 아는 게 많아집니다. 인터넷 등을 통해 보고 듣는 정보의 양도 급격히 증가하지요. 그리고 어느 순간, 말대꾸를 하기 시작합니다.

아이에게 잘못된 부분에 대해 주의를 주려고 하면, "아빠 엄마도 그러잖아요!" 하며 대듭니다. "초콜릿이나 과자를 너무 많이 먹으면 안 좋아"라고 말하면, "단 음식이 꼭 나쁜 것만은 아니래요. 지난번에 인터넷에서 봤어요" 대꾸하고요. 답답한 마음에 "다 너 잘되라고 그러는 거잖아" 하면, "내가 알아서 할 거예요. 참견하지 마세요"라고 맞받아칩니다. 이런 대화를 이어가다 보면, 양육하는 입장에서 황당해지는데요. 이럴 땐 대체 어떻게 하면 좋을까요?

## ❶ 아이의 말에 바로 반박하지 마세요

일단 아이가 말대꾸를 하면, 잠시 숨을 고르면서 기다려주세요. 마음속으로 다섯까지 숫자를 세는 것도 방법입니다.

사실 아이는 부모의 말이나 지시가 마음에 들지 않아요. 그래서 자기 나름의 생각을 부모에게 피력하기 시작합니다. 그런데 기분이 안 좋은 상태에서 부모에게 의견을 말하다 보니 자꾸 말대꾸 형식으로 표출되는 거죠. 아직 자신을 표현하는 방식이 서툴러서 반항하는 것처럼 보이고, 화를 내는 것처럼 들립니다.

그런데 말대꾸를 했을 때 양육자가 화를 내거나 꾸짖지 않고 잠시 침묵하면, 아이는 혹시 내가 뭘 잘못했나 눈치를 살피기 시작합니다. 아직 어린아이라 해도 자신의 말에 상대방 기분이 좋아지는지 나빠지는지는 본능적으로 알 수 있으니까요. 아이에게 자신이 한 말에 대해 잠깐 돌아볼 시간을 주세요.

## ❶ 시시콜콜 반응하지 마세요

아이가 "아빠 엄마는 늦게까지 텔레비전 보면서, 왜 나한테만 일찍 자라고 해요?" 했을 때 아이에게 뭐라고 대답하시나요? 대개는 "너랑 아빠 엄마랑 같아?"라고 하거나 "넌 낮에 계속 텔레비전 봤잖아. 아빠 엄마는 이제부터 보는 거야"라고 말하죠. 어느 쪽이든 아이 귀에는 변명처럼 들립니다. 사실 변명이 맞기도 하고요.

궁색한 변명으로 아이의 말을 받아주기 시작하면 그때부터 실랑이가 벌어집니다. 그러니 아이의 말대꾸에 시시콜콜 반응하지 마세요.

## Q 거꾸로 아이에게 물어보세요

일단은 아이가 말한 내용을 부모의 입으로 반복해 주세요. "그러니까 네 말은 지금 잠자기에 너무 이르다는 거지?" 하는 식으로요. 물론 아이가 말대꾸한 걸 받아서 다시 말해준다는 게 그리 쉽지는 않으실 거예요. 부모에게는 못마땅하고 화나는 말이니까요.

하지만 아이 입장에서 자신이 말한 내용을 다시 확인시켜 주면, 부모에게 자신의 의견이 제대로 전달되었다는 걸 일단 인지하게 됩니다. 방어적인 태도도 사그라들고요.

거기다 만약 부모가 "아빠 엄마는 늦게 자면서, 너한테만 일찍 자라고 해서 기분이 안 좋구나"라는 말을 해주신다면, 아이의 마음이 긍정적으로 돌아서기 시작해요. 아이는 눈을 빛내며 "예, 맞아요!"라고 대답할 거예요. 그러면 다시 물어보세요.

"그런데 아빠 엄마는 왜 일찍 자야 한다고 했을까?"

자신이 원했던 말이 아니어서 아이는 다시 시큰둥해질 수 있어요.

"그거야 모르죠."

그럼 다시 물어보세요.

"한번 생각해 보고 이야기해 줄래? 네가 알아맞힐 수 있을까? 왜 일찍 자라고 했는지 말이야."

나름대로 생각해 본 아이는 아마도 정답을 말할 겁니다.

"어린이들은 일찍 자야 건강해지고, 머리도 좋아지니까요."

여기까지 진행되면, 아이를 칭찬해 주세요.

"엄마는 네가 모르는 줄 알았는데, 그런 것도 알고 있었구나."

이런 방향으로 대화를 이끌어가면 과도한 말대꾸나 큰 저항 없이 소통이 가능해집니다.

> ## "한번 떼를 쓰기 시작하면 말릴 방법이 없어요."
> 생떼를 부리는 아이

분명히 여러 차례 안 된다고 이야기했는데도 아이가 생떼를 부리는 경우가 있습니다. 아이를 키우다 보면 종종 겪는 일 중 하나죠. 백화점에 가서 갖고 싶은 장난감을 사달라고 조를 때, 마트에 가서 아이스크림이나 과자를 사겠다고 떼쓸 때, 저녁에는 밖에 나가 놀지 말라고 했는데도 나가 놀겠다며 신발을 신고 현관 앞에 서있을 때, 학원 버스가 이미 집 앞에 와있는데도 학원에 안 가겠다고 난리를 피울 때 등 아이가 막무가내로 고집을 피우면 통제하기가 쉽지 않습니다.

좋은 말로 타이르려 해도, 아이가 소리를 지르며 정신없이 행동하면 버럭 큰소리부터 나가고 마는데요. 하지만 이럴 때 가장 부적절한 부모 행동이 떼쓰는 아이에게 같이 소리를 지르는 겁니다. "왜 이렇게 소리 지르며 떼를 써?" 하며, 부모가 더 큰소리를 내는 우스운 모양새가 되어버리지요. 아이가 떼를 쓸 땐, 이렇게 해보세요.

## Q  떼쓸 땐, 관심을 주지 마세요

주변에 사람들이 많은 상태에서 아이가 떼를 쓰기 시작하면 참 난감합니다. 주변 사람들 보기에 창피하지요. 그래서 어떤 부모들은 그 자리에서 아이를 혼냅니다. 아이가 잘못을 저질렀을 땐 바로바로 깨닫게 해주는 게 좋다고 생각하기 때문이기도 하고요.

물론 그 말도 맞습니다. 아침에 한 잘못을 저녁에 혼내면, 아이는 앞의 잘못과 뒤의 꾸중을 잘 연결시키지 못하거든요. 그래서 잘못을 했을 때 바로 혼내는 것이 더 효과적이기는 합니다.

하지만 주변에 사람들이 많이 있는 상황에서 아이에게 큰소리를 지르거나 혼을 내는 게 쉽지는 않아요. 게다가 아이는 마음에 상처를 받습니다. 자신이 한 행동이나 떼쓴 것은 생각지 않고, 부모가 자기에게 창피를 주었다고만 생각하지요. 막무가내로 떼를 쓰고는 있지만, 아직 어린 데다가 아이 역시 하나의 인격체이니 아이의 자존심도 생각해 주어야 합니다. 그러면 어떻게 해야 할까요?

예전에는 카운트다운 방식을 쓰는 경우도 있었어요. 이 방식은 양육자가 아이에게 떼를 쓰지 않도록 일단 경고를 합니다. 그리고 "아빠가 열을 셀 건데, 그때까지 멈추지 않으면 아빠는 갈 거야"라고 말하는 거예요. 그런데도 아이가 계속 떼를 쓰면 실제로 그 자리를 뜨는 겁니다.

하지만 이 방법을 사용해 본 부모들은 아실 거예요. 아이가 계속 떼를 쓰고 있어도 막상 아이만 두고 다른 곳으로 가는 게 쉽지 않다는 것을요. 자꾸 아이가 있는 곳을 돌아보며 가는 척만 하게 되지요. 아이 역시 양육자가 떠나지 못한다는 사실을 무의식중에 눈치채게 됩니다.

그러니 "계속 떼쓰면 아빠는 가버릴 거야" 등의 극단적 방식보다는, 곁에 서서 지켜보거나 양육자가 할 일을 조용히 하는 방법이 더 낫습니다. 양육자 입장에서는 주변 사람들에게 피해를 준다는 생각에 조바심이 나거나 부끄러울 수 있어요. 하지만 이렇게 두세 번만 일관되게 행동하면, 아이는 자기 방식이 더 이상 통하지 않는다는 걸 알게 됩니다. 아이 스스로 멈출 수 있는 기회를 주는 것이 바람직해요.

## ❓ 제대로 요구하는 방법을 알려주세요

원하는 것이 있을 때, 상대방에게 제대로 요구하는 방법을 아이에게 가르치실 필요가 있어요.

"네가 떼를 쓰니까 무슨 말을 하는지, 왜 이게 필요한지 하나도 모르겠어. 차분히 좀 이야기해 볼래?"

이렇게 서너 번만 알려줘도 충분합니다. 아이는 흥분해서 소리를 지르기보다는, 차분히 이야기하는 편이 더 효과적이라는 걸 배우게 됩니다.

## ❓ 아이의 욕구는 인정해 주세요

아이들에게는 아직 자기 충동을 조절할 능력이 부족합니다. 아이 입장에서는 갖고 싶은 걸 갖지 못하게 되거나, 하고 싶은 걸 못 하게 되면 속이 많이 상하지요. 하지만 아이가 원하는 걸 다 들어줄 수는 없습니다. 또한 다 들어주어서도 안 되고요. 다만, 아이가 그런 감정과 욕구를 가지고 있다는 것을 인정해 줄 수는 있습니다.

어른들도 똑같잖아요. 예를 들어, 직장에서 문제가 생겨 당장이라도 일을 그만두고 싶은 심정이라고 해보죠. 그래서 배우자에게 "여보, 나 회사 그만두고 싶어" 하고 말했을 때, 상대방에게 어떤 대답을 듣고 싶으세요? "당신, 미쳤어? 일을 그만두면 어떡해?"라거나 "절대 안 돼! 당신 마음대로 그럴 수는 없어!"라는 말을 듣는다면 마음이 어떨 것 같아요? 정말로 그만둘 마음은 아니었는데, 이런 식의 대답을 들으면 정말 그만두고 싶어질지도 모릅니다.

반면 "일을 그만두고 싶어? 무슨 일 있었나 보네…"라든가 "그런 말 하는 걸 보니 요즘 많이 힘든가 봐"라는 말을 듣는다면 상대방에게 내 마음을 털어놓으면서 해결책을 논의하고 싶은 마음이 들지요.

상황이나 감정을 받아주는 것만으로도 충분할 때가 있어요. 현실적으로 서로가 서로의 요구를 다 들어주며 살 수는 없으니까요. 아이의 욕구도 일단 인정해 주세요. 당장 원하는 걸 갖지는 못했지만, 부모가 자신의 생각과 감정을 이해했다는 사실만으로도 아이의 욕구는 어느 정도 충족될 수 있어요.

> ## "아이가 나쁜 말을 해요."
> ### 욕을 자주 할 때

예전에는 욕하는 아이를 보면 집에서 부모가 욕하는 걸 아이가 따라 배웠다고 생각했죠. 하지만 요즘 양육자들은 현명합니다. 그래서 아이 앞에서는 특히, 말투나 단어들을 가려서 씁니다. 욕설이나 거친 말이 아이들 정서에 좋지 않다는 걸 알고 있기 때문이에요.

그런데 유치원이나 학교에 다니면서 아이들은 밖에서 욕을 배워 옵니다. 아예 욕으로 노래를 만들어 부르기도 하고요. 집에서도 듣기 거북하지만 사람 많은 곳에서 아이가 욕을 하면, 부모는 쥐구멍에라도 들어가고 싶어집니다. '평소 부모가 저런 말을 자주 하니 그러는 걸 거야' '대체 교육을 어떻게 시켰길래 아이가 저러지?' 하는 듯한 주변 시선이 따가울 수밖에 없어요.

그런데 아이는 왜 자꾸 욕을 하는 걸까요? 여러 가지 이유가 있겠지만, 우선은 해당 욕이 아이들 사이에서 일종의 유행어일 수 있습니다. 아이들은 비슷한 옷이나 장난감, 말투 등을 통해 유대감을 형성하는데, 친구들끼리 같은 욕을 사용하면서 유대감을 느끼기도 합니다. 자꾸 쓰다 보면, 일종의 추임새처럼 느껴져서 어느새 욕을 하는 아이나 듣는 아이나 별 느낌이 없어지기도 하고요. 만약 우리 아이가 욕을 자주 한다면, 이렇게 해보세요.

## Q 큰 반응을 보이지 마세요

아이가 욕을 하면 대개의 부모는 깜짝 놀라 아이를 쳐다봅니다. 그런 다음에는 "너 그런 말 어디서 배웠어?" 하며 아이를 다그치게 되는데요. 이렇게 반응하면 아이는 부모나 주변 사람들의 반응이 재미있어서 욕을 더 자주 할 수도 있어요. 평소 자신의 말에 시큰둥하기만 하던 부모가 욕 몇 마디에 깜짝 놀라 반응을 보이니 아이 눈에는 신기하기도 하지요.

아이가 욕을 하면 차분하게 대응하세요. 부모가 기겁하며 아이를 붙들고 "그게 무슨 말이니! 그런 나쁜 말 앞으로 또 쓸 거야?" 하고 다그치지 마세요. 크게 놀라거나 당황하기보다는, "너처럼 바르고 좋은 아이가 왜 그런 말을 쓰지? 너랑 어울리지 않네"라고 말해주는 것이 훨씬 좋습니다.

## Q 욕의 정확한 뜻을 설명해 주세요

아이는 자신이 하는 욕의 의미를 잘 알지 못해요. 때로는 무슨 뜻인지 전혀 모르고 말하는 경우도 많지요. 우선 아이에게 그 욕이 뜻하는 의미를 정확하게 이야기해 주세요. 아이가 생각하는 것보다 더 무섭고 거친 말이라는 걸 알려주는 거지요.

"'OO'이라는 말을 자꾸 하면 그게 주문이 되거든. 주문이 뭔지 알지? '수리수리마수리' 하는 거 있잖아. 그런데 그 말을 자꾸 하면 너에게 주문이 걸려서 안 좋은 결과를 가져올지도 몰라. 그래도 괜찮겠어?"

아이는 고개를 설레설레 저을 겁니다. 물론 이후에도 아이가 계속 그 욕을 할 수도 있어요. 하지만 부모가 설명해 준 단어의 의미를 무의식적으로 생각하고는 있어요. 욕을 하면서도 찜찜한 마음을 갖게 되고요. 자연스럽게 점차 욕하는 횟수가 줄어들게 됩니다. 그러니 급한 마음에 "다시 한번 그 욕 하기만 해봐!" 하지 마시고, 조금만 기다려주세요.

## ❓ 언어 순화 훈련을 시켜주세요

폭력이나 일탈 행위를 하는 청소년들을 관찰해 보면, 대부분 가지고 있는 공통점이 있어요. 그건 바로 거친 말을 사용한다는 겁니다. 무섭고 잔인한 단어와 표현들을 사용하고 있고, 사용하는 말처럼 행동도 거칠고 난폭합니다.

언어는 우리가 생각하는 것 이상의 큰 힘을 가지고 있습니다. 일단 내가 말을 하면, 그 말이 내 귀에 들리면서 일종의 주문이 되는데요. 주문을 외웠으니 그 이후 내 몸도 말처럼 움직이면서 행동하게 되는 거지요.

'미치겠어, 죽겠어, 확 돌아, 폭발할 것 같아' 등의 표현들을 자주 사용하면, 감정도 그 정도로 극단적인 상태가 됩니다. 그러니, 우선적으로 아이가 사용하는 말의 강도를 순화시켜 주세요.

순화시키는 방법은 그리 어렵지 않습니다. 앞서 예를 든 '미치겠어, 죽겠어' 등의 강렬한 단어들 대신 다른 표현들을 사용하면 되는데요. '속상해, 힘들어, 화났어' 정도로 말하면서, 그 앞에 '조금'이라는 표현을 덧붙이면 더 좋아요. 예를 들면, '조금 속상해, 조금 짜증나' 등이지요. 이런 연습을 양육자와 함께 꾸준히 연습하면, 아이의 감정도 정화되고 한결 차분해집니다.

# 감정을 순화시키는
# 말 바꾸기 훈련

아이가 욕을 할 때 부모가 단어를 바꿔 다시 한번 말해주세요. 이왕이면 재미있는 단어로 바꿔주시면 더 좋아요. 아이가 부모가 한 말을 욕 대신 따라 할 겁니다.

아이의 욕을 바꿔 말한 후, 아이의 얼굴을 보며 장난스럽게 웃어주세요. 욕을 바꿔주면서 혼내는 듯한 표정을 보이면 아이가 경직될 수 있어요. 아이들은 엄격한 부모보다는 적당히 장난기 있고 재미있는 부모에게 더 마음을 쉽게 엽니다. 유치하고 우스꽝스러운 표현이라도 괜찮습니다. 실은, 유치할수록 더 좋아요.

부모가 일방적으로 말을 바꾸기보다는 아이와 함께 욕을 바꿔보는 게임을 하는 것도 방법인데요. 재치 있게 표현을 바꾸는 과정에서 부모와 아이 사이의 공감대와 친밀감이 높아진답니다.

· **이렇게 말해보세요**

| 아이의 욕 | 부모가 바꾼 말 |
|---|---|
| "에이, 씨발." | "에이, 수박." |
| "저 새끼가!" | "저 색깔이!" |
| "너 죽었어." | "너 죽 끓여." |

# "거짓말을 자주 해요"

수근이 엄마는 오늘 학원 선생님에게서 수근이가 학원에 오지 않았다는 전화를 받았습니다. 분명 학원에 간다고 집을 나간 아이가 학원에 오지 않았다고 하니 걱정이 앞섭니다. 수근이가 집에 들어오기만을 기다리며, 아이에게 어떻게 물어야 할지 고민에 빠졌습니다.

잠시 후, 수근이가 책가방을 메고 집으로 돌아왔습니다. "학원 잘 다녀왔니?"라고 묻자, 수근이는 "아우, 학원 다니기 힘들어" 하며 침대에 털썩 눕습니다.

요즘 아이들은 참 바쁘지요. 학교에서 돌아오자마자, 혹은 집에 들르지도 않고 바로 학원으로 향할 때가 많아요. 하루에 서너 곳의 학원을 다니는 아이들도 있고요. 아직 어린 아이들이 감당하기에는 버거운 생활입니다.

그러다 보니 아이들은 종종 부모 몰래 학원을 빠지고 싶어 합니다. 하지만 학원에 빠졌다고 하면 혼이 날 테니, 학원을 갔다 온 것처럼 행세할 때도 있어요. 꼭 이런 상황이 아니더라도, 아이를 키우다 보면 뻔히 보이는 거짓말로 상황을 모면하려고 할 때도 있고요. 내 아이가 이런 거짓말을 할 때, 어떻게 하세요?

---

행동① "너 오늘 학원 간 거 맞아?" ▶ 확인하며 캐묻는다.

행동② "그래? 오늘은 학원에서 뭘 배웠는데? 재미는 있었고?" ▶ 아이가 어디까지 거짓말을 하는지 지켜본다.

행동③ "그렇구나. 씻고 밥 먹자." ▶ 아이가 당황할까 봐 일단 넘어간다.

행동④ "학원 선생님한테 전화 왔는데, 너 오늘 학원 안 왔다더라." ▶ 아이가 거짓말하기 전에, 부모가 알고 있다는 걸 미리 알린다.

---

행동①

## "너 오늘 학원 간 거 맞아?"

확인하며 캐묻는다.

아이의 거짓말을 확인한 부모 입장에서는 괘씸하다는 생각이 드는 게 당연합니다. '학원을 안 갔으면서, 왜 간 척 하는 거지?' 하는 얄미운 마음도 들고요.

그런데 어떤 이유에서건 학원을 빼먹고 집에 들어오는 아이의 마음 역시 편치는 않습니다. 혹시 집에서 알고 있지는 않을까, 들키면 크게 혼나는 건 아닐까 조마조마하거든요.

이런 상황에서 아이를 너무 몰아세우면 스스로 잘못을 깨닫기도 전에 방어적으로 행동할 수 있어요. 부모가 자신을 공격한다고 생각하기 때문에 저항감이 더 커지게 되고요. 결국에는 서로 화를 내거나 소리를 지르다가 대화가 종료될 가능성이 높아요.

## "그래? 오늘은 학원에서 뭘 배웠는데? 재미는 있었고?"

### 아이가 어디까지 거짓말을 하는지 지켜본다.

아이가 얼마나 깜찍하게 거짓말을 하는지 보려고, 거짓말인 줄 알면서 일부러 받아주는 부모들도 있습니다. 그런데 이건 매우 위험한 방법이에요. 왜냐하면 아이에게 점점 더 많은 거짓말을 하도록 만드는 황당한 결과가 발생하니까요.

한 번 거짓말을 하고 나면, 그 거짓말을 무마하기 위해 두 번째, 세 번째 거짓말을 계속하게 되는데요, 이건 어른인 우리에게도 발생할 수 있는 상황이에요. 부모에게도 그런 경험이 있지요? 주말에 오랜만에 동 창 모임이 잡혔다고 가정해 볼게요. 그런데 주말에 가족과 함께 있지 못 하는 것에 대해 가족들 불만이 큽니다. 그래서 일단 가족들에게는 회사 에 일이 있다고 거짓말을 했어요(첫 번째 거짓말). 재미있게 모임을 끝내 고 집에 왔는데 배우자가 묻습니다.

"오늘 일 많았어?"

그러면 첫 번째 거짓말이 들통나지 않도록 대답합니다.

"응, 겨우 끝냈어(두번째 거짓말)."

뒤이어, 배우자가 또 질문해요.

"오늘 회사에 다른 사람도 나왔어?"

"최 부장님이랑 김 대리도 나왔더라고. 워낙 급한 프로젝트라 같 이 저녁까지 먹었어(세 번째 거짓말)."

거짓말이 꼬리에 꼬리를 물고 이어져요. 그러니 부모는 아이가 이 런 상황에 빠지지 않도록 미리 막아주셔야 합니다. 무엇이든 처음이 어 렵지 점점 쉬워지는 법이거든요. 아이가 쉽게 거짓말하는 습관을 갖지 않도록 도와주세요. 아이가 얼마만큼 부모를 속이는지 테스트하지 마 세요. 위험한 방법입니다.

행동 ③

# "그렇구나. 씻고 밥 먹자."

아이가 당황할까 봐 일단 넘어간다.

물론 자신의 거짓말이 들통났다는 걸 알면, 아이는 민망하기도 하고 혼날 생각에 무섭기도 할 거예요. 하지만 그렇다고 해서 거짓말한 것을 그냥 넘어가고 눈감아 준다면, 아이는 뭐라고 생각하게 될까요?

'거짓말을 했는데도 별 문제 없네? 다음번에도 학원 가기 싫으면 거짓말해야지.'

양육자의 스타일에 따라, 어떤 분들은 일단 이 상황을 넘긴 뒤 나중에 혼내야겠다고 생각합니다. 그런데 아이의 기억은 그리 오래 유지되지 않습니다. 아침에 한 잘못을 저녁에 혼내면, 엄마가 괜히 신경질을 부리는 것쯤으로 생각할 수도 있지요. 잘못을 교정해 주는 일은, 가능하면 그 사건이 발생했을 때 해야 합니다. 타이밍도 중요하니까요.

**행동④**

# "학원 선생님한테 전화 왔는데, 너 오늘 학원 안 왔다더라."

아이가 거짓말하기 전에, 부모가 알고 있다는 걸 미리 알린다.

아이가 학원에 가지 않은 것을 알고 있으면서도, 집으로 들어오는 아이에게 "학원 잘 다녀왔니?"라고 묻는 것은 좋은 방법이 아닙니다. 이렇게 물으면 아이는 걱정되는 마음에 일단 "네" 하고 대답할 확률이 높으니까요.

어쩌면 아이는 문 앞에 서서 '엄마한테 정직하게 말할까' 망설였을지도 몰라요. 그런데 엄마가 학원 다녀온 걸 당연시 여기며 물으면,

그만 자기도 모르게 그렇다는 대답이 튀어나와 버립니다. 엄마의 질문이 잘못된 거지요. 아이가 불필요하게 거짓말을 하지 않도록 조치하셔야 하는데요. '학원 선생님에게서 전화가 와서 엄마는 네가 학원에 안 간 걸 알고 있다'는 사실을 먼저 이야기해 주시면 됩니다. 그러면 아이는 거짓말할 필요가 사라집니다. 그런 다음 학원에 못 간 이유를 물어보세요. 그러면 아이는 학원에 못 가게 된 이유에 대해 상황을 과장하며 대답하는데요. 설사 아이의 말이 좀 과장되었다 하더라도 그냥 넘어가 주세요.

"그렇구나. 네가 학원에 안 왔다고 해서 걱정했어."

부모 앞에서 아이가 두려움 때문에 억지로 말을 꾸며내는 부정적 경험을 하지 않도록 지도해 주세요.

# 거짓말할 상황을 미리 차단하세요

> ## "숙제했냐고 물으면 숙제 없다고 잡아떼요."
> 숙제에 관해 거짓말할 때

학교에서 분명 숙제를 내준 것 같은데, 아이는 숙제가 없다고 딱 잡아뗄 때가 있습니다. 정말 숙제가 없나 보다 싶어 그냥 내버려두었는데, 나중에 알고 보면 우리 아이만 숙제를 안 해갔고요. 그런데 이후에도 숙제가 있냐고 물어보면 없다고 또 거짓말을 합니다. 답답한 마음에 책가방을 열어보니 알림장에 해야 할 숙제가 적혀있는데도 말이죠. 그렇다고 숙제 양이 결코 많은 것도 아니에요. 요즘은 초등학생에게 숙제를 거의 내주지 않으니까요. 많지도 않은 숙제를 가지고, 아이가 자꾸 이런 거짓말을 할 땐 어떻게 하나요?

**Q 아이가 재미있게 놀 때는 숙제에 대해 묻지 마세요**

아이가 한참 게임을 하거나 장난감을 가지고 신나게 놀고 있을 때, 또는 친구가 놀러 와서 보드게임을 하고 있을 때 등 재미있는 것에 빠져있을 때는 숙제에 대해 물어보지 마세요. 한참 신나는데 엄마가 숙제에 대해 물어보면, 아이는 놀던 걸 그만두고 숙제를 해야 할지도 모른다는 생각이 들거든요. 그래서 순간적으로 "없어요"라고 말하게 되는 경우가 많아요. 그러니 아이가 뭔가에 한참 몰두해 있을 때는 숙제나 해야 할 일에 대해 묻지 않는 게 좋습니다.

### ❓ 왜 숙제를 해야 하는지 이유를 말해주세요

사실 요즘 아이들은, 학교에서 내주는 숙제 때문이 아니라, 그 외 학원이나 활동 때문에 지칠 때가 많아요. 피아노도 쳐야 하고, 영어와 수학도 배워야 하고, 코딩이나 논술도 익혀야 합니다. 말 그대로, 해야 할 일이 산더미같이 느껴질 거예요. 그러다 보니 아이는 매일 밤 묻습니다.

"일기는 왜 써야 해요?"

"수학 공부는 꼭 해야 하는 거예요?"

"힘들게 왜 영어를 배워요? 요즘은 핸드폰으로 다 통역되는데…."

듣고 보면 잘못된 질문은 아니에요. 그러니 일단 아이에게 공부나 기타 필요한 활동들을 굳이 왜 해야 하는지를 납득시키기 위해서는 부모도 준비를 해야 합니다. 무작정 "남들이 하니까 해야지!"식으로 강요하거나, "그런 거 안 하면, 넌 뭐 할 건데?"라고 감정적으로 대응하지 않으려면요.

가고 싶은 나라에서 더 즐겁게 여행하려면 영어 공부가 필요하다거나, 아이가 평소 관심 있는 직업을 갖기 위해 필요한 역량과 공부 내용이 연결되어 있다고 말씀하셔도 좋아요. 아이의 눈높이에 맞춰 '왜 해야 하는지'를 차근차근 설명해 주세요.

### ❓ 부모가 먼저 모범을 보이세요

양육자가 책을 읽거나 일하는 모습 대신 늘 휴대전화나 유튜브, 게임하는 모습만 보여주면서 아이에게만 "숙제 좀 해" 하면 아이가 어떤 생각을 할까요? '왜 나만?'이라고 생각하며 억울해지겠지요. 그러니 의식적으로라도 아이 앞에서 모범을 보여주세요.

예를 들어 주말에 일하기 전에 아이 앞에서 이렇게 말해주세요.

"아빠가 끝내야 할 회사 일이 있는데, 드라마를 더 보고 싶어. 어쩌지?"

이렇게 말하고 잠시 뜸을 들이다 결심한 듯 텔레비전을 끄세요.

"그래도 할 건 하고 드라마를 보는 게 맞겠지? 하기 싫다고 피할 수 있는 게 아니니까. 힘내자!"

그러고는 일을 시작하는 겁니다. 혹은 "낮잠을 더 자고 싶은데, 해야 할 설거지가 있네. 아, 어떡하지?"라고 말한 후에, 결심한 듯 벌떡 일어나 부엌으로 가면서 "그래도 할 일을 해놓고 낮잠을 자야 마음도 편하고 기분도 좋아질 거야"라고 해주세요.

함께 생활하는 양육자의 이런 행동을 통해 아이는 해야 할 일을 마치기 위해서는 지금 당장 눈앞의 즐거움을 잠시 보류해야 한다는 걸 자연스럽게 깨닫게 됩니다. 순간적인 충동을 참아내는 능력, 이것이 바로 아이의 성취력을 높이는 핵심이지요!

> ## "아이가 자꾸 더 큰 거짓말을 해요."
> 혼날까 봐 순간적으로 상황을 모면할 때

아무리 천방지축으로 행동하고 부모에게 말대꾸를 많이 하는 아이라 해도, 아이는 양육자가 화를 내면 무서워합니다. 더구나 아직 어린 초등학생이라면 양육자에게 잘 보이고 싶은 욕구가 강하죠. 이 때문에 혹시 양육자가 자기를 미워하게 되지 않을까 하는 마음도 갖게 됩니다.

아이가 거짓말을 했을 때 너무 엄하게 혼을 내면, 그 상황을 모면하려고 또 다른 거짓말을 합니다. 결국 나중에는 들통이 나서 더 크게 혼나게 될 수 있지만 아이는 거기까지 생각하지 못하지요.

### ❶ 흥분하지 마세요

아이를 키우는 부모치고 아이에게 소리 한 번 지르지 않은 부모가 있을까요? 아이의 입에서 거짓말이 술술 나오는 걸 보면 화가 치밀어 오릅니다.

그렇다고 해도 아이에게 바로 화내며 소리 지르지 마세요. 부모가 큰소리를 내서 아이가 바뀐다면, 세상의 모든 아이들은 이미 180도 바뀌었어야 할 겁니다. 소리 지르는 것으로는 아이를 변화시킬 수 없습니다.

아이에게 어떤 행동이나 말을 하기 전에, 숫자를 다섯까지 세며 심호흡을 해주세요. 숫자를 1부터 5까지 세는 시간은 의외로 길어요. 잠깐의 침묵을 갖고 나서 말해도 늦지 않아요. 이때, 자기도 모르게 한숨을 쉬는 행동은 자제해 주셔야 하는데요. 그럴 경우 아이는 양육자가 자신을 한심하게 생각한다고 여기게 되어, 더 위축되고 불안해해요. 머리끝까지 화가 났더라도, 흥분이 좀 가라앉은 후 아이에게 말을 건네주세요. 격해진 마음에, 해서는 안 될 말을 아이에게 하지 않도록요.

### Q  "어떻게 된 건지 말해줄래?"

"너 왜 거짓말해?"로 다그치기 시작하면 그때부터 아이의 변명이 시작됩니다. 일단 부모가 질문을 "왜"라고 시작하면 대부분의 아이는 꾸짖는 것으로 받아들이거든요. 상황을 무마하려고 더한 거짓말을 할 수도 있고요. 같은 내용을 말하더라도 어떻게 시작하느냐는 매우 중요합니다.

아이에게 "왜?"라고 묻지 말고 "무슨 일이었는지 말해줄래?"라고 물어보세요. 말꼬리도 "말해 봐"나 "말해" 대신 "말해줄래?" "말해주면 좋겠는데"로 부드럽게 바꿔주세요. 아이가 자신의 생각과 상황을 편하게 이야기할 수 있는 분위기부터 만들어주세요.

## 양육자 감정 카운슬링 │ '하기 싫은 일'을 '해야 할 일'로 바꿔주기

아이 입장에서는, 거짓말을 하고서라도 자신이 원하는 것을 하고 싶을 수 있어요. 학원에 가는 대신 친구들과 놀거나, 참고서를 사는 대신 장난감을 사는 것처럼요.

아이가 거짓말하는 것을 사전에 막으려면 무엇을 강요하기 전에 그 일을 왜 해야 하는지부터 설명해 주세요. 단, 구구절절 옳은 말이라도 아이가 이해하지 못하면 아무 소용없어요. 아이의 눈높이에 맞춰 설명해 주세요.

| 아이의 질문 | 해야 하는 이유 |
| --- | --- |
| 왜 일기를 써야 해요? | 너 글 쓰는 작가가 되고 싶댔지? 어떤 사람은 일기 쓴 걸 모아서 책으로 내기도 해. 또 훌륭한 작가들은 일기 쓰기로 어릴 때부터 글쓰기 연습을 했다더라. 누가 알아? 나중에 네 일기를 사람들이 서점에서 사보게 될지? |
| 왜 수학 공부를 해야 해요? | 마트에 가서 1,000원짜리 과자를 샀는데, 돈 계산을 못해서 1만 원 내고 적게 거슬러 받으면 얼마나 속상해? 물론 핸드폰에 있는 계산기를 사용할 수도 있지만, 매번 그렇게 하면 불편하잖아. |
| 왜 영어 공부를 해야 해요? | 너 야구선수가 되고 싶댔지? 근데 미국 메이저 리그에 가서 활동하려면, 영어로 소통해야 하잖아. |

# "침울하고 무기력하게
변했어요"

요즘 들어 아이가 유난히 힘이 없어 보여요. 맛있는 걸 먹으러 가자고 해도, 놀이공원에 가자고 해도 그때만 잠깐 기분이 좋아 보일 뿐입니다. 보다 못해 "요즘 왜 그래? 왜 힘이 없어?"라고 묻자 아이는 "그냥요. 이유는 말하고 싶지 않아요" 하더니 우울한 표정으로 방으로 들어가 버립니다.

아이가 기운 없어 보이면 부모는 걱정부터 앞서죠. 혹시 학교에서 선생님께 꾸중을 듣고 의기소침해진 건 아닌지, 친구들과 싸우거나 따돌림을 당하고 있는 건 아닌지 고민이 돼요. 아이가 속 시원히 말해주면 좋으련만 속내를 잘 보이지 않을 땐 더더욱요. 이런 경우엔 어떻게 하시나요?

---

**행동 ①** "엄마한테 말해야 엄마가 도와주지. 대체 왜 그러는 건데?" ▶ 아이가 말할 때까지 계속 물어본다.

**행동 ②** "그래, 그럴 때도 있지. 내일 되면 나아질 거야." ▶ 그냥 넘어간다.

**행동 ③** "놀 때는 힘이 넘치더니! 너 공부할 때가 되니까 그런 거지?" ▶ 아이에게 비아냥거린다.

**행동 ④** "그렇게 나약해서 어떡하니?" ▶ 아이 앞에서 걱정한다.

**행동 ⑤** "기분이 별로인 것 같은데, 지금 기분이 어떤지 말해줄 수 있어?"
▶ 아이의 감정 상태부터 살핀다.

---

### 행동 ①

# "엄마한테 말해야 엄마가 도와주지. 대체 왜 그러는 건데?"
### 아이가 말할 때까지 계속 물어본다.

일단 원인을 알아야겠다는 생각에 이유부터 캐묻는 경우인데요. 물론 아이가 왜 우울해하는지 이유는 알아야 합니다. 그래야 적절한 조치를 취하거나 마음을 달래줄 수가 있지요.

하지만 지금 당장은 이야기하고 싶어 하지 않는데 계속 캐묻는 것은 오히려 아이의 기분만 더 상하게 할 뿐이죠. 아이가 대답하고 싶어 하지 않을 때는 더 이상 묻지 마세요. 계속 아이를 쫓아다니며 물어보면 자기 기분이나 의견을 부모가 무시한다는 생각에 더 우울해질 거예요.

행동 ②

## "그래, 그럴 때도 있지. 내일 되면 나아질 거야."

### 그냥 넘어간다.

'애들이 자라다 보면, 이럴 때도 있고 저럴 때도 있지' 하며 편안한 마음으로 키우는 것도 나쁘지 않습니다. 아이를 키우다 보면 매사에 너무 예민하게 반응하는 것보다 조금 여유 있는 마음을 갖는 게 나은 경우도 있으니까요.

하지만 감정은 다릅니다. 아이의 감정은 문제가 생겨도 겉으로 보이는 외상이 없어 쉽게 지나치게 되는데요. 그랬다가 이후에 아이의 마음속 상처가 방치된 채 썩거나 악화될 수도 있어요. 그러니 부모가 최근 학교나 학원에서 발생한 일들, 친구들과의 관계 변화 등을 세심하게 살펴보셔야 해요.

## 행동 ③

# "놀 때는 힘이 넘치더니! 너 공부할 때가 되니까 그런 거지?"

### 아이에게 비아냥거린다.

만약 누군가가 우리에게 이런 말을 하면 기분이 어떨까요? 아마도 "당신이 뭘 알아? 네가 뭔데 나한테 그런 말을 하는 거야?" 하며 핏대를 세울걸요! 내가 처한 상황이나 기분도 잘 모르면서 함부로 말하는 사람을 보면 화가 나는 법이죠.

하지만 막상 양육자는 아이를 함부로 단정하는 경우가 많습니다. 물론 정말로 놀 때는 괜찮다가 공부할 때가 되니까 공부하기 싫어서 우울해질 수도 있어요. 하지만 그렇더라도 그 자체를 못마땅해하지는 마세요.

세상에 공부하기 좋아하는 사람이 얼마나 될까요? 학습의 필요성이나 맛을 알기 시작하는 나이가 되면 가능할지도 모르지만, 그러기에는 아직 어리잖아요. 설사 정말로 공부하기 싫어서 기분이 침체된 것이라 하더라도 비아냥거리지는 마세요. 부모가 아이를 미워하면, 아이의 마음에도 부모에 대한 미움이 싹트게 되니까요.

## 행동 ④

# "그렇게 나약해서 어떡하니?"

### 아이 앞에서 걱정한다.

"세상을 살아가다 보면 더 힘들고 어려운 일들이 많아. 이만한 일에 그렇게 힘들어하면 나중에 대체 어떡하려고 그래?"

아이를 붙들고 일장연설을 하는 분들이 있어요. 어떤 아빠는 본인이 자라날 당시의 이야기를 하며 자녀의 나약한 정신 상태를 나무라기도 하지요.

"나 어릴 땐 이런 환경은 꿈도 못 꿨어. 대체 뭐가 부족해서 그러니? 나 같으면 힘이 펄펄 나겠다."

사람은 각자 힘들어하는 원인이 다 다릅니다. 어떤 사람은 돈이 없는 걸 가장 힘들어하고, 어떤 사람은 관심받지 못하는 걸 제일 슬퍼합니다. 부모의 탄탄한 뒷바라지 속에서 남부러울 것 없이 자라도, 부모의 애정에 목말라하고 가슴 아파하는 아이도 있고요. "내가 너 같으면 하나도 안 힘들걸!"이라고 비교할 수 있는 문제가 아닌 거지요. 지금의 아이를 본인의 어린 시절과 견주는 건 의미 없는 비교일 뿐이에요.

행동 ⑤

## "기분이 별로인 것 같은데, 지금 기분이 어떤지 말해줄 수 있어?"
### 아이의 감정 상태부터 살핀다.

앞서 이야기한 것처럼, 아이가 군이 자기 기분을 말하고 싶어 하지 않거나 원인을 이야기해 주지 않으려 할 때는 조금 기다려주셔야 하는데요.

하지만 아이의 기분이 안 좋아 보인다는 걸 이야기는 해주셔야 합니다. 자신의 기분이 우울한데도 부모가 아무런 언급을 하지 않으면, 아이는 부모가 자기에게 관심이 없다고 느낄 수도 있어요.

가능하다면 대화를 시도해 주세요. "기분이 별로인 것 같네" 하며 말을 건네면, 아이는 "기분이 별로인 정도가 아니라, 아주 나빠요" 같은 반응을 보이기도 하는데요. 이 반응은 속마음을 털어놓고 싶다는 표현이죠. 그러면 "지금 기분이 어떤지 말해줄래?"와 같은 열린 질문으로 말문을 열어주세요. "말해 봐" 같은 명령형이 아니기 때문에 아이는 한결 편안하게 자기 이야기를 시작할 수 있습니다.

# 우울하고 무기력한 원인에 따라 다르게 대응하세요

> **"평소 좋아하던 것에도 흥미를 보이지 않아요."**
> 매사에 무기력할 때

분명 아이가 좋아하는 음식인데도 잘 먹지 않고, 재미있는 놀이에도 별 관심을 보이지 않는 등 매사에 무기력하다면, 아이가 지쳐있는 상태일 가능성이 높습니다. 신체적으로 힘이 달리고 체력이 좋지 않으니 감정적으로도 가라앉는 거지요. 사실 누구나 지쳐있을 때는 만사가 귀찮아지잖아요. 이런 상태라면 우선 아이를 쉬게 해주세요.

### ❶ 아이의 스케줄을 정리하세요

요즘 아이들은 어른보다 더 바쁩니다. 그러니 스트레스를 받는 것도 당연하지요. 아이의 성향에 따라 같은 걸 하면서도 더 힘들어하는 아이가 있고 별 어려움 없이 하는 아이가 있는데요. 말 그대로 아이에 따라 각기 다르지요.

부모 욕심대로 하지 말고, 자녀를 객관적으로 바라봐 주세요. 그리고 내 아이의 한계선을 정해주세요. 그 선을 넘지 않도록 스케줄을 관리해 주시는 게 중요합니다. 그릇에 담을 수 있는 양은 정해져 있어요. 무조건 많이 담는 게 중요한 게 아니라 그릇의 크기와 용도에 맞게 사용하는 게 중요하지요.

## ❓ 아이의 건강을 살펴주세요

때로는 건강에 문제가 있어서 기분이 가라앉아 있는 경우도 있습니다. 건강에 이상은 없는지 병원에 가서 정기적으로 확인해 보세요. 별이상이 없는데도 유난히 피곤해한다면, 당분간 무리하지 않고 쉬도록 해주세요. 필요하다고 판단되면 학교를 하루이틀 빠지거나 학원에 가지 않도록 조치해 주셔도 좋아요.

어른들이 가끔 회사 가기 싫을 때 휴가를 내거나 여행을 떠나는 것처럼 아이에게도 학교 걱정, 숙제 걱정, 학원 스트레스 없이 푹 쉬고 싶을 때가 있을 거예요. 며칠 쉰다고 아이의 성적이 급격히 떨어지거나 버릇이 나빠지지는 않습니다. 이때 학교와 학원을 쉬게 해놓고, 막상 집에서 빈둥빈둥 노는 아이는 못 보겠다며 또 다른 숙제를 내주시는 경우를 봤는데요, 이런 일은 없어야겠지요.

## ❓ 근본적인 원인을 알아보세요

공부 스트레스나 건강상의 문제가 아닌데도 여전히 아이가 무기력해 보인다면, 원인을 알아야 합니다. 그래야 내 아이를 보호할 수 있으니까요. "대체 왜 그러니?" 하고 다짜고짜 묻지 말고 아이가 편하게 말할 수 있는 분위기부터 만들어주세요. 만약 짚이는 데가 있다면 먼저 실마리를 꺼낼 수도 있겠죠.

"엄마 요즘 기분이 좀 별로야. 회사 동료들이 은근히 나만 빼놓고, 밥도 자기들끼리만 먹으러 가고, 자기들끼리만 얘기해. 그래서 속상해."

만약 아이가 집에서 이야기를 잘 하지 않는다면, 아이가 좋아하는 아이스크림 가게나 분식집에 가서 대화해도 좋습니다. 원인을 털어놓았다면, 곧바로 해답을 주지 말고 아이의 생각을 먼저 물어보세요.

"그랬구나. 네 생각에는 어떻게 하면 좋을 거 같아?"

당장 해결할 수 있는 문제가 아니더라도 부모와 고민을 함께 나누었다는 점, 부모가 내 편이 되어주고 내 마음을 알아주었다는 점만으로도 아이의 마음은 한결 밝아집니다.

> ## "아이가 매사에 트집을 잡아요."
> 모든 것을 부정적으로 바라볼 때

사람이든 사물이든 모든 것을 무조건 비판적으로 바라보며 부정적인 생각을 하게 될 때가 누구나 있지요. 아이도 마찬가지입니다. 딱히 그 아이가 타고날 때부터 부정적인 성격이라서가 아니라, 다양한 원인으로 인해 유난히 그런 성향을 내보이는 시기가 있어요. 이런 아이의 마음속을 들여다보면 대개 짜증이나 울분으로 가득 찬 경우가 많지요. 자기 뜻대로 되지 않는 상황이나 일들을 연달아 겪다 보면 모든 게 미워 보이기도 하고요.

사람마다 성격이 다르긴 하지만 태어날 때부터 부정적인 사람은 없습니다. 아이가 매사에 삐딱하게 반응한다면 일단 부모와 가정환경이 가장 큰 원인인 경우가 많습니다.

## ❶ 될 수 있으면 아이의 행동을 막지 마세요

윤리적으로 나쁜 행동 등이 아니라면, 아이가 하려고 하는 것을 가능한 한 막지 마세요. "안 돼" "하지 마" "그만둬" 등의 말은 자제해 주세요.

평소에 제재를 많이 했던 부모 밑에서 자란 아이들은 매사에 폐쇄적이고 부정적인 태도를 자주 취합니다. 아이가 무언가를 해보려고 시도한다면, 큰 문제가 없는 한 많이 격려해 주세요. "와, 이걸 해볼 생각을 했구나. 멋진데!" 하며 북돋워 주고 용기를 주세요.

## ❶ 부모부터 말투를 바꾸세요

어떤 가족은 함께 모여 텔레비전을 시청할 때, 드라마나 영화에 나오는 사람들에 대해 한마디씩 평을 합니다. 새로운 인물이 나오거나 장면이 바뀔 때마다 "머리가 저게 뭐야, 촌스럽게!" "웃는 게 너무 이상하다" "아유, 정말 보기 싫다"처럼 비난하는 거지요.

이런 분위기 속에서 자란 아이는 무의식적으로 사람을 볼 때 부정적인 면이나 비판거리부터 찾아냅니다. 양육자 먼저 스스로 말을 조심해 주세요. 대상이 누구든 잘하고 있는 점, 강점 등을 찾아내고 칭찬하는 모습을 보여주세요.

### ❓ 마음을 발산할 기회를 만드세요

마음속에 울분이나 억울함 등의 감정이 쌓여있는 경우, 자꾸 누군가에게 공격적으로 대하게 됩니다. 요즈음 아이들 중에는 나이는 어려도 마음에 응어리를 갖고 있는 아이들이 꽤 있는데요. 아무래도 여러 가지 스트레스 환경에 노출되는 경우가 많아서지요.

그러니, 최대한 아이가 찜찜한 마음을 털어내며 뛰놀고 운동할 수 있도록 해주세요. 아이가 좋아하는 사방치기, 축구, 댄스, 농구, 달리기 등 뭐라도 상관없습니다. 땀을 흘리며 신나게 몸을 움직이다 보면, 아이의 마음도 한결 트일 겁니다.

> ## "아이가 강아지를 잃고 우울해해요."
> 친구와 헤어지거나 반려동물을 잃고 상실감을 느낄 때

친한 친구가 전학을 가거나 기르던 반려동물이 갑자기 죽었을 때, 아이가 받는 충격은 생각보다 큽니다. 서로 마음을 나누던 무언가를 잃은 상실감 때문에 아이는 사소한 일에도 눈물을 보일 수 있는데요. 이 경우는

시간이 지나면 치유되므로 크게 걱정할 필요는 없습니다. 단, 이런 상실감이 오래 지속되지 않도록 신경을 써주실 필요는 있어요. 상실감이 깊어지면 슬픔이 되고, 우울함으로 발전할 수 있으니까요.

### ❶ 새로운 친구를 만들어주세요

아이를 다른 친구들과 함께 어울릴 수 있는 공원이나, 플레이 짐 같은 곳에 데려가세요. 자연스럽게 새로운 친구를 사귈 기회를 만들어주는 거지요. 물론 이전의 단짝 친구처럼 친해지기는 어렵겠지만, 친구들은 헤어질 수도 있고, 또다시 사귈 수도 있다는 걸 아이에게 알려주세요. 학년이 바뀌고 반이 달라졌을 때 이전 친구와 헤어지고 새로운 친구들을 만나는 것처럼, 친구는 헤어지기도 하고 새로 만날 수도 있는 거니까요.

### ❶ 죽음에 대해 너무 쉬쉬하지 마세요

주위의 가까운 사람이나 반려동물을 잃었을 때의 슬픈 느낌은 아이가 감당하기 참 힘들어요. 하지만 아이가 성장하며 겪어야 하는 어쩔 수 없는 이별의 경험이기도 합니다. 어른들이 죽음에 대해 너무 쉬쉬하고 숨기려고 하면, 아이는 죽음에 대한 막연한 공포심을 갖게 됩니다. 죽음에 대해 아이가 이해할 수 있는 수준에서 솔직하게 설명해 주세요.

"사람과 동물은 몸과 마음이 있는데, 죽는다는 건 그중에서 몸이 안 보이게 되는 거야. 강아지의 몸은 죽었지만 강아지의 마음은 여전히 너를 사랑하고 있어. 너도 계속 강아지를 잊지 않고 사랑하는 마음을 가지면 되는 거야."

종교를 가지고 있는 부모라면 종교적 가치관을 통해 설명하는 것도 좋습니다.

## Q 더 많이 안아주세요

슬픔이나 상실감을 느낀다는 건, 누군가의 위로가 필요하다는 신호입니다. 사람이 슬플 때는 신체적으로 몸의 온도가 낮아지는데요. 몸이 차가워지면서 한기를 느끼게 되기 때문에 자꾸 움츠러들게 되죠.

아이를 따뜻하게 안아주세요. 머리나 볼을 자주 쓰다듬어 주세요. 가끔은 아이와 함께 편안하게 침대에 누워서 간지럼 등 가벼운 장난을 치는 것도 좋습니다. 마음을 안정시키는 포근한 신체적 접촉은 아이의 경직된 마음을 풀어주니까요.

"엄마가 너 사랑하는 거 알지?" 하는 말만으로는 부족합니다. 마음은 말로만 전할 때보다 스킨십과 함께할 때 더 잘 전달된답니다.

또한, 아이가 슬픔을 느낄 때는 따뜻한 물이나 우유를 마시게 하는 것도 좋습니다. 아이가 울었거나 속상해할 때 따뜻한 코코아를 타주면 몸도 편안해지고 심리적으로 안정되는 데 도움이 돼요.

| 양육자 감정 카운슬링 |
|---|

# 아이가 무기력해 보일 때 점검할 것들

요즘 들어 아이가 유난히 힘이 없고 지쳐 보이나요? 좋아하는 음식도 잘 먹지 않고 모든 일에 무기력해 보인다면, 아이의 스케줄을 점검해 보세요. 건강에 특별한 문제가 없는데도 이런 모습을 보인다면, 앞서 이야기했듯 지쳐있을 확률이 가장 큽니다.

　아이가 현재 얼마나 많은 학원을 다니고 있는지, 학교 수업 시간 외에 책상에 앉아있는 시간이 얼마나 되는지를 자세히 따져보세요. 그런 다음 아이의 컨디션에 맞게 스케줄을 조절해 주셔야 해요. 어떤 분야든, 공부는 단기전이 아니라 장기전이니까요.

- **아래의 일주일 스케줄표에 아이의 일정을 체크해 보세요**

  - 가야 할 학원 및 총 소요 시간: _____ 개 _____ 분/시간
  - 숙제/공부 시간: _____ 분/시간
  - 휴식 시간: _____ 분/시간

| 총 시간 | 월 | 화 | 수 | 목 | 금 | 토 | 일 |
|---|---|---|---|---|---|---|---|
| 4시간 | 수학학원 | | | | | | |
| 3시간 | 태권도 | | | | | | |
| 4시간 30분 | 학교 숙제 | | | | | | |
| 14시간 | 휴식 | | | | | | |
| ... | ... | | | | | | |

# "가족과 같이 있는 걸 싫어해요"

이번 주말에 아빠와 현우는 단둘이서 영화를 보러 가기로 했습니다. 그런데 갑자기 엄마도 영화를 보러 가고 싶어졌어요. 그래서 엄마가 현우에게 같이 가자고 하자, 아이가 "엄마가 왜 가요? 엄마는 안 가기로 했잖아요!"라며 큰 소리로 화를 냅니다. 당황한 엄마가 "왜? 엄마가 같이 가는 거 싫어?" 하고 묻자, 아이가 "응. 난 아빠랑만 가고 싶어"라고 대답하네요.

어느 순간 아이가 아빠나 엄마, 할아버지나 할머니 등 가족들 가운데 어느 한 사람을 특별히 좋아하는 행동을 보일 때가 있습니다. 육아를 담당하는 주 양육자 입장에서는 그 사람이 본인이 아닐 시 의연하게 대처하려 해도 서운한 마음이 들지요. 가장 가까이에서 보살펴 주며 키우는데 아이는 그 마음을 몰라주고 싫은 기색을 보입니다. 이런 당황스러운 순간, 어떻게 대응해야 할까요?

---

**행동 ①**  "그럼 아빠랑만 다녀와. 앞으로는 네가 아무리 가자고 해도 안 가줄 거야." ▶ 불편하고 서운한 마음을 드러낸다.

**행동 ②**  "…엄마가 그렇게 싫어?" ▶ 아이의 말에 슬퍼한다.

**행동 ③**  "네가 가지 말란다고 해서 엄마가 안 가는 건 아니야. 엄마도 갈 거니까 그렇게 알아." ▶ 화를 내며 억지로 동행한다.

**행동 ④**  "이번에는 아빠랑 다녀오고 싶구나. 알았어, 즐겁게 다녀와."

▶ 일단 아이의 의사를 존중한다.

---

**행동 ①**

# "그럼 아빠랑만 다녀와.
# 앞으로는 네가 아무리 가자고 해도 안 가줄 거야."

불편하고 서운한 마음을 드러낸다.

어른도 아이에게 상처받을 때가 분명 있지요. 아무리 아이의 말이라 해도, 사실 이런 상황이 닥치면 누구라도 민망하고 당황스러워요. 아이가 잘못을 한 것도 아니니 화를 내기도 애매하고, 기분이 영 찜찜합니다. 아이에게 거부당한 것 같아 속도 크게 상해요.

하지만 그렇다고 해서 "앞으로는 너랑 절대 같이 안 다녀"라고 말하는 건 옳지 않아요. 이건 부모 자식 관계가 아니라 친구 사이에서 어울리는 반응입니다. 마치 "나 다시는 너랑 안 놀아!" 하는 것과 같은 뉘앙스니까요. 이런 말을 들은 아이 역시 이렇게 반응할 수 있어요.

"칫, 그러세요, 뭐. 나도 이제부터는 엄마한테 가자고 안 할 거니까."

상황이 이렇게 되면 아이가 왜 이런 마음을 갖게 되었는지 정확한 이유나 정황은 알아보지 못한 채 단순한 말싸움이나 해프닝으로 끝이 납니다. 분명 아이가 양육자에게 느끼는 내면의 감정들이 있을 텐데, 그에 대해서는 제대로 살피지 못하고 말이지요.

### 행동 ②
## "…엄마가 그렇게 싫어?"
### 아이의 말에 슬퍼한다.

아이의 말과 행동에 상처받았다는 걸 알려서 부모도 위로받고 싶을 때가 있을 거예요. 슬퍼하는 모습을 보여서, "엄마가 같이 가는 건 싫다"라고 말한 것에 대해 사과를 받거나 죄책감을 느끼게 하고 싶은 마음도 있고요. 그래서 아이로 하여금 "엄마, 제가 잘못했어요. 엄마도 같이 가요"라고 말하기를 기대하기도 해요.

엄마가 갑자기 슬픈 표정을 보이며 뒤돌아 앉으면, 어쩌면 아이는 말을 바꿔 같이 가자고 할 수도 있어요. 하지만 오늘 당장 같이 가는 것은 중요하지 않습니다. 아이가 왜 엄마의 동행을 싫어했는지를 알아야 해요. 아이의 마음과 원인을 제대로 알아보고, 아이와 엄마 사이의 관계가 더 멀어지기 전에 회복할 계기를 마련해야 합니다.

### 행동 ③

## "네가 가지 말란다고 해서 엄마가 안 가는 건 아니야. 엄마도 갈 거니까 그렇게 알아."

### 화를 내며 억지로 동행한다.

아이에게 질세라 아이와 정면으로 대응하고 있는데요. 이쯤 되면 서운함을 넘어 크게 화가 난 상태인 거지요. 그러다 보니 아이의 의사와는 상관없이 무조건 밀어붙입니다.

문제는, 이렇게 우격다짐으로 자리에 함께한다 하더라도 가족 모임이 별로 즐겁지 않다는 거예요. 아이는 아이대로 자기 생각을 무시하고 따라온 엄마가 불편할 것이고, 엄마는 엄마대로 상황이 계속 못마땅할 테니까요. 또 아빠는 엄마와 아이 사이에서 눈치만 보며 시간을 보내게 될 겁니다. 결국에는 아이에게 엄마와 관련된 안 좋은 기억 하나만 더 보태는 결과를 만들게 되는 거지요.

# "이번에는 아빠랑 다녀오고 싶구나. 알았어, 즐겁게 다녀와."

일단 아이의 의사를 존중한다.

순간적인 서운함을 참고 기다려줄 줄 아는 양육자의 현명한 태도예요. 아이를 기르다 보면, 어른인 부모도 어린 아이에게 순간순간 서운함을 느끼게 될 때가 많습니다. 특히 주된 양육자 입장에서는 '아이가 나를 더 많이 좋아해 주었으면' 혹은 '내가 쏟는 정성과 사랑을 조금이라도 알아주었으면' 하는 바람이 있기 마련이지요. 그래서 태어난 지 몇 개월 안 된 아기에게조차 "아빠가 좋아, 엄마가 좋아?" 같은 질문을 끈질기게 던지고는 합니다. 그런데 이런 부모 마음도 몰라주고 "엄마 싫어!"라고 하면, 울컥할 만큼 마음이 상하기도 해요.

하지만 이런 상황에서 아이의 말과 행동에 바로 반응하는 것은 좋은 방법이 아닙니다. 아이에게 잔소리를 늘어놓거나 따지면, 아이는 엄마와 헤어져 대문 밖을 나서면서 "야호! 드디어 엄마한테서 해방이다!"라며 진심으로 환호할지도 몰라요.

이럴 때는 아이가 즐거운 마음으로 잘 다녀올 수 있도록 웃는 얼굴로 보내주는 게 최선입니다. 그리고 왜 엄마에게 그런 감정을 가졌는지에 대해 그날 밤 따뜻한 물로 목욕할 때라든가, 또는 침대에 편히 누웠을 때 차분히 이야기를 나눠보는 것이 현명하지요.

"아까 엄마랑 같이 가기 싫었던 이유가 있었어? 말해줄 수 있어?"
라고 부드럽게 물어봐 주세요. 아이와의 관계 회복을 위해 질문하는 것
이지, 서운한 내 감정을 아이에게 표현하기 위한 것이 아님을 꼭 기억하
셔야 해요.

# 양육자를 싫어한다면, 이렇게 행동하세요

## "말만 하면, 인상을 찌푸려요"
### 양육자의 잔소리를 지겨워할 때

제 감정코칭스쿨에 참여한 아이들에게, '아빠 또는 엄마는 ○○○○다. 왜냐하면 ○○○○ 하기 때문이다'라는 문장을 만들어보도록 한 적이 있어요. 다양하고 재미난 답변들이 많이 나왔는데, 그중에서 압도적으로 많이 나온 것은 바로 '잔소리꾼'이라는 표현이었습니다. 아래 글은 초등학교 5학년 학생이 엄마에 대해 쓴 글입니다.

●●●●●●●●●●●●●●●●●●●●●●●●●●●●●●●●●

**엄마는 잔소리쟁이**

엄마는 하루 종일 나한테 잔소리를 한다. "진영아, 손 씻어" "책가방 챙겨서 학원 가야지!" "일기 썼니?" "왜 아직까지 안 자는데?" 등등. 잔소리를 듣고 있으면 숨이 막힌다. 우리 집은 엄마의 목소리 때문에 항상 시끄럽다.

그래서 나는 집에 오기가 싫다. 아침에 학교 갈 때 엄마가 "엄마 오늘 볼일 있어서 나가야 하거든. 집에 오면 없을 거야" 하는 날에는 솔직히 더 좋다.

할머니가 그러는데, 나는 어렸을 때 엄마를 많이 좋아해서 엄마 손을 꼭 잡고 다녔고, 잘 때도 엄마 손을 잡고 잤다고 한다. 난 기억이 하나도 안 나는데…. 내가 정말 그랬을까?

이제는 엄마가 내 이름만 불러도 기분이 나빠지려고 한다. 잔소리할 게 뻔하니까. 늘 "이거 해, 저거 해"라는 말이 끊이지 않는다. 할게 너무 많다. 난 아직 어린이인데 날 너무 힘들게 만드는 엄마가 싫다.

이 글을 읽고 나니 어떤 느낌이 드시나요? 우리 아이에게도 글을 써보라고 하면 과연 어떤 내용을 쓸까요? 혹시 '우리 아빠는 맨날 혼만 낸다' '할머니는 종일 잔소리만 해' '엄마는 정말 말이 많다' 등의 이야기가 나오지는 않을까요?

### Q  일단 말수부터 줄이세요

말을 많이 한다고 해서 아이가 그 말을 다 들을 거라는 생각은 큰 착각이에요. 오히려 빠른 속도로 많은 말을 하면, 귀에 잘 들어오지도 않거든요. 누군가 다음과 같이 말했다고 생각해 보세요.

"어제저녁에밥을먹었는데너무급히먹어서체한것같아.조금만더 천천히먹었더라면지금고생하지않을텐데."

쉼표도 없고, 필요한 곳에서 띄어서 말해주지도 않으니 무슨 말인지 이해가 되지 않습니다. 그런데 이런 말투는 양육자가 아이에게 잔소리할 때와 매우 비슷합니다.

"너아까숙제하라고했는데숙제했니?아직안한것같은데대체무슨생각으로그러는거야?"

마치 속사포처럼 쉴 틈 없이 쏟아져 나오는 부모의 잔소리는 아이에게 엄청난 압박감을 줍니다. 그리고 귀 기울여 듣는 걸 방해하지요. 아이들은 '또 잔소리네!'라고 생각하고는 이내 얼굴을 찌푸립니다. 듣기 싫은 엄청난 소음처럼 느껴지니까요.

우선 말수를 줄여주세요. 말을 많이 한다고 아이를 움직일 수 있는 건 결코 아닙니다. 오히려 말이 많아질수록 아이는 점점 더 귀를 닫고, 양육자를 지겨운 존재로 인식해요.

## Q 잔소리하기 전에 기다려주세요

부모에게 가장 힘든 일 중 하나는 아이가 무언가를 스스로 할 때까지 기다리는 일일 거예요. 분명 숙제를 하나도 하지 않은 것 같은데, 저녁이 다 되도록 게임만 합니다. 또는 숙제는 손도 대지 않은 채 텔레비전 앞에서 시간 가는 줄 모르네요. 이런 모습을 보는 부모 마음에 울화가 치미는 건 당연한 일이지요.

그렇더라도 참아주세요. 잔소리하기 전에 아이에게 스스로 움직일 수 있는 선택권을 주세요.

감정코칭스쿨에 참여한 또 다른 아이가 쓴 글을 아래에 소개해 드릴게요.

가족 모두가 9시 뉴스를 보고 있었다. 난 마음속으로 '뉴스가 끝나면 방에 가서 일기 써야지' 하고 생각하고 있었다. 그런데 뉴스가 막 끝나려는데 엄마가 갑자기 나를 확 노려보며 말했다.
"너 일기는 썼어? 쯧쯧쯧."
엄마의 표정을 보니 날 한심하게 생각하는 것 같았다. 일기 쓰고 싶은 마음이 확 사라졌다.

결국 아이는 그날 일기를 쓰지 않았다고 합니다. 엄마가 시켜서 하면, 엄마와의 싸움에서 지는 것 같았대요.

세상에 잔소리를 하고 싶어서 하는 부모는 없을 거예요. 다 아이 잘되라고 하는 바람이 담긴 말들이니까요. 하지만 효과만을 따져본다면, 그다지 긍정적이지 않습니다. 오히려 부모 마음만 후련하게 해줄 때도 많지요. 아이가 스스로 할 수 있도록 잠시 기다려주세요.

대부분의 아이들은 놀면서도 마음 한 켠이 불안하다고 이야기해요. 본인들도 숙제를 해야 한다는 걸 느끼고 있다는 의미지요. 이럴 땐 아이가 숙제를 기억할 수 있도록 힌트만 주세요.

"오늘 학교 숙제 있어?"

그러면 아이는 대번 눈치를 챕니다. 그리고 "알아요. 이따가 할 거예요"라고 대답하지요. 그러곤 다시 하던 놀이를 계속하는데요. 아이의 느긋한 행동을 보면, 부아가 치밀어 오르기도 해요.

그런데 이때가 중요합니다. 잠시 숨을 고르고 이렇게 말해주세요. "아, 이따가 하려고 했구나. 역시 숙제 잊지 않고 있었네, 우리 딸!"

숙제를 기억하고 있었던 것에 대견하다는 칭찬을 받은 아이는 서서히 숙제를 해야겠다는 마음을 먹습니다. 물론 손에는 여전히 게임기나 스마트폰이 들려있을 수도 있지요. 저녁 식사 후 잠잘 시간이 다가올 때까지도 아이가 숙제할 생각이 없어 보인다면, 다시 한번 힌트를 주세요.

"잠잘 시간까지 30분 남았네. 할 일 체크하고 있지?"

아이는 까맣게 있고 있다가 "아 참, 숙제!" 하며 달려갈지도 몰라요. 하지만 적어도 엄마의 성화에 억지로 책상에 앉아 엄마와 숙제를 동시에 지겨워하는 일은 예방할 수 있어요. 자신의 의지대로 행동하고 있는 거니까요. 아무리 나이가 어리다 해도, 누군가 등을 떠밀어서 할 때와 자기 스스로 결정해서 움직일 때의 차이를 안답니다.

부모가 기다려주어야 스스로 움직이는 자율적인 아이로 자랄 수 있습니다. 하루이틀 기다려보고 제대로 하지 않는다고 잔소리를 퍼부으면, 아이는 결국 잔소리에 의해 움직이는 사람이 되고 말아요. 즉, 하라고 소리를 지를 때까지 움직이지 않는 수동적인 존재로 자라는 거죠. 그래서 양육자의 인내는 반드시 필요합니다.

**Q** **열린 질문을 해주세요**

질문의 방식은 크게 두 가지로 나눌 수가 있는데요. '닫힌 질문법'과 '열린 질문법'입니다.

닫힌 질문법은 대답이 '예'나 '아니오'로 한정되는 질문 방식이에요. 예를 들어, 부모가 "오늘 숙제는 했니?" 하고 묻는다면 아이는 "예"나 "아니오"로 대답할 수밖에 없습니다. 부모가 닫힌 질문법을 자주 사용하면 아이는 자신의 생각을 상세하게 표현할 기회를 잃어버리게 돼요. 그저 "예"와 "아니오"만 반복하기 때문이죠. 이런 닫힌 질문법은 장기적으로 아이의 창의성과 주도성을 가로막습니다.

두 번째 방식인 열린 질문법은 다양한 대답이 나올 수 있도록 묻는 방법입니다. 같은 질문을 해도 "오늘 숙제는 어떻게 진행되고 있어?"라고 물으면, "영어는 다 했는데, 수학은 아직 하고 있는 중이에요"라든가 "아직 다 못 했지만 조금만 더 하면 돼요" 같은 대답이 가능합니다.

열린 질문을 하게 되면 아이는 스스로의 상황을 부모에게 설명할 기회를 얻게 되는데요. 숙제가 무엇인지, 어디까지 진행되었는지, 어떤 부분이 힘든지, 왜 그만큼밖에 하지 못했는지 등에 대해 더 많은 이야기를 할 수 있지요. 가능하면, 열린 질문법으로 물어봐 주세요.

> ## "아이가 아빠를 피하고 근처에도 못 오게 합니다."
> 아빠를 불편해하거나 미워할 때

요즘 아빠들은 참 자상합니다. 자녀에 대한 관심과 애정도 대단하죠. 아이의 요구도 어지간하면 다 들어주려 합니다. 그런데 이상하게 이런 아빠의 마음을 몰라주고, 아빠와 친해지지 않으려는 아이들이 종종 있어요.

여러 가지 원인이 있지만 가장 흔한 것은 아빠의 애정 표현 방법에 문제가 있는 경우입니다. 잘해주고 싶은 마음은 굴뚝같지만, 아이를 어떻게 대해야 하는지 잘 모르는 분들도 있는데요. 특히 보수적이고 권위적인 가정에서 자라난 아빠들은 쑥스럽고 어색해서 사랑을 제대로 표현하지 못합니다.

두 번째 원인으로는 아빠의 무관심을 들 수 있어요. 아이들에 대한 관심은 있지만 일주일 내내 회사 일에 지쳐서 자녀와 놀아줄 여력이 없는 거지요. 제가 기업 코칭에서 직장인 아빠들을 만나 보면, "주말에는 아내가 아이들을 데리고 친정집에 가거나 여행을 갔으면 좋겠다"라고 말하는 분들도 있었거든요. 그만큼 지쳐있다는 이야기겠지요.

하지만 그런 아빠의 마음이 무의식중에 아이들에게 전달될 수 있어요. 아이 관점에서는 '아빠는 나랑 노는 걸 귀찮아해' '아빠는 쉬고만 싶어 해'라는 생각을 자연스럽게 하게 되죠. 이런 상태가 지속되면 아무리 가족이라 해도 서로 관계가 서먹해지고 멀어집니다.

아이와 더 친밀한 아빠가 되고 싶으세요? 그럼 이렇게 노력해 주세요.

## ❓ 친구처럼 같이 놀아요

과거만 해도 아버지의 존재를 결코 편하게 대할 수 없던 시절이 있었습니다. 권위가 느껴지며 어딘지 엄격한 분위기가 있었지요. 힘들 때 어려움을 솔직히 털어놓고 의논하거나 함께 즐거움을 나눌 대상은 아니었습니다. 언제든 자주 마음을 나누기에는 거리감도 있었고요. 자녀와 친밀함이나 끈끈함을 형성할 시간도 부족했습니다.

하지만 이제 완전히 세상이 바뀌었죠. 오히려 요즘은, 엄마나 할머니보다 아빠를 더 좋아하는 아이들도 많습니다.

아이와 함께하는 시간에는 아이에게만 몰입해 주세요. 그리고 '놀아준다'라는 생각보다는, '같이 논다'는 마음으로 즐거운 시간을 보내세요. 아이가 좋아하는 놀이와 게임을 함께 하면서요.

## ❓ 아이와 함께하는 시간을 미루지 마세요

아이와 놀아주고 싶지만 할 일이 많고 바빠서 놀아줄 여력이 안 된다는 분들도 있습니다. 아이들은 아빠와 신나게 놀고 싶어 하는데, 주말에 아빠는 잠을 자거나, 노트북으로 일하거나 유튜브를 보고 있지요. 미안한 마음이 든 아빠가 말합니다.

"나중에 아빠가 좀 한가해지면 많이 놀아줄게, 응?"

하지만 세월이 지나 아빠가 시간적 여유를 가질 수 있는 나이가 되면 이미 늦어요. 그때 가서 아빠는 아이들에게 말하겠죠.

"자, 어디로 놀러 갈까? 아빠 이제 시간 많아. 재미있게 놀아줄게."

하지만 어느새 훌쩍 커버린 아이들은 시큰둥하게 말합니다.

"에이, 아빠랑 다니는 거 재미없어요. 그냥 신경 끄세요."

아이들이 놀아달라고 하는 것도 한때입니다. 아이들이 언제까지나 퇴근하는 아빠를 애타게 기다리고, 주말에 함께 놀이공원에 가자고 조르지는 않습니다.

지금 당장 놀아주세요. 함께 보드게임을 하고, 낱말 맞추기를 하며, 야구공을 주고받으세요. 지금이 아니면 아이들의 머릿속에 남을 아빠와의 추억은 만들 기회가 없습니다.

물론, 지금 당장은 자녀와 노는 것이 귀찮거나 피곤할 수도 있지요. 하지만 10년 후에도 내 아이가 아빠랑 놀지는 않을 거예요. 그때는 아빠와 함께하기보다는 친구들과 어울리는 걸 더 선호할 테니까요. 그러니 지금 이 순간을 즐기며, 아이와 행복한 추억들을 많이 만들어주세요.

## Q 너무 논리적으로 지적하지 마세요

아빠들은 종종 아이의 잘못에 대해 논리적으로 지적하곤 합니다. 물론 가능하면 아이의 감정을 상하지 않게 하려고 목소리에도 나름대로 신경을 쓰고는 있지만요.

그러나 이러한 노력과는 상관없이 아이는 상처받을 수 있어요. 왜냐하면 아빠는 아이의 입장을 이해하고 아이 편에 서는 게 아니라 마치 회사에서 업무 처리하듯 상황에 접근하고 있기 때문이에요. 그래서 아빠의 말이나 태도가 차갑다고 느껴질 때도 있어요.

아이는 자기가 잘못한 상황에서도 부모가 자기 마음을 헤아려주고 우선 자기편이 되어주기를 바라요. 아이는 냉정한 평가 대상이 아니라 감정적으로 감싸 안아야 할 존재니까요. '객관적' '이성적' 기준으로 아이의 행동을 지적하기보다는, 따듯하게 포용해 주세요. 언제든 아빠의 넓은 가슴으로 달려가 안길 수 있게요.

# "형제자매를
# 질투하고 시샘해요"

동근이는 세 살 터울인 동생과 자주 싸우곤 합니다. 어느 날, 방에서 둘이 잘 놀고 있는 줄 알았는데 갑자기 동생의 울음소리가 들렸습니다. 달려가 보니, 동근이가 동생을 밀치고 있는 거예요.

"얘가 내 장난감을 망가뜨렸어요!"

동근이는 화가 나서 씨근대고 있고, 동생은 바닥에 엎어져 울고 있습니다.

터울이 많지 않은 형제자매를 키우는 집에서는 흔히 발생할 수 있는 상황입니다. 부모들은 동생이라는 존재에 대해 첫째에게 충분히 이해를 시켰다고 생각하지만 아이는 동생의 존재를 쉽게 받아들이지 못해요. 그래서 키우는 내내 큰아이와 작은아이의 울음소리가 끊이지 않지요.

이럴 때 부모의 대응이 참 중요합니다. 아이에게 자신의 힘든 감정을 다루는 방법뿐 아니라, 형제애와 가족이라는 울타리까지 설명할 수 있는 좋은 기회니까요. 나는 평소 아이의 질투에 어떻게 반응하나요? 아래 네 가지 유형 중, 평소 나의 행동과 가장 비슷한 건 몇 번째 항목인가요?

행동 ① "왜 동생을 밀쳐? 그까짓 장난감이 동생보다 중요해?" ▶ 일단 형부터 혼낸다.

행동 ② "그러게 왜 형 장난감을 함부로 만져?" ▶ 동생을 제재한다.

행동 ③ "내가 너희들 때문에 못 살아! 어유, 지겨워." ▶ 둘 다에게 화를 낸다.

행동 ④ "무슨 일인지 한 명씩 엄마한테 이야기해 봐." ▶ 한 명씩 번갈아 가며 발언권을 준다.

행동 ①

# "왜 동생을 밀쳐? 그까짓 장난감이 동생보다 중요해?"

일단 형부터 혼낸다.

대부분의 부모들이 취하는 행동입니다. 큰아이가 나이가 많으니 동생을 이해해야 한다고 믿기 때문이죠. 하지만 동생보다 몇 살 많다고 한들 아직 아이잖아요. 이렇게 일방적으로 야단치면 첫째는 많이 억울해집니다. 무조건 동생 편만 드는 부모님 때문에 속도 상하고요. 더구나 "네가 더 나이가 많으니까, 네가 이해해"라는 건 그다지 공평해 보이지 않습니다.

부모가 무조건 형만 나무라면, 안 그래도 동생이 생기면서부터 부모의 사랑을 빼앗겼다고 생각하던 큰아이는 앞으로 동생을 더욱 미워할 거예요. 부모가 형과 동생 사이를 갈라놓는 격이지요.

행동 ②

## "그러게 왜 형 장난감을 함부로 만져?"

### 동생을 제재한다.

어떤 부모들은 부모의 사랑을 동생에게 빼앗겼다고 생각하는 큰아이를 위해 의식적으로 형의 편을 들기도 합니다. 그런데 이 방법 역시 그리 좋은 방법은 아닙니다.

대부분의 동생들은 늘 형이 부럽습니다. 대개 동생은 형이 입던 옷, 형이 쓰던 학용품, 형이 가지고 놀던 낡은 장난감을 물려받거든요. 먼저 태어났다는 이유로 형은 항상 새로운 것들을 갖지요. 그러다 보니, 똑같은 것을 사줘도 동생은 늘 형이 가진 것이 더 멋져 보이고 탐이나요.

형제자매를 대상으로 한 연구 결과를 보면, 첫째보다는 둘째가 물건이나 옷 등에 대한 욕심이 더 크다고 합니다. 이유는 바로 상실감 때문인데요. 형에 비해 좋은 걸 갖지 못했다는 상실감으로 인해 형의 물건에 더 욕심을 내는 것이지요. 따라서, 형과 동생이 싸운 상황에서 동생을 무조건 탓하는 건 아이를 바르게 훈육하는 데에 전혀 도움이 되지 않습니다.

### 행동 ③

## "내가 너희들 때문에 못 살아! 어유, 지겨워."

### 둘 다에게 화를 낸다.

형제자매가 싸우는 모습을 눈앞에서 보면, 부모는 속에서 열불이 나지요. 형제자매끼리 서로 치고받고 싸우는 걸 보는 것만큼 부모의 마음이 아픈 일도 없으니까요. 하지만 그렇다고 해서 부모마저 화를 내면, 객관적으로 상황을 정리할 사람이 없어져 버립니다. 아이들은 아이들대로, 부모는 부모대로 화만 잔뜩 난 채 상황이 해결되지 않아요.

더구나 "너희들 때문에 못 살아!"라는 말까지 들으면, 아이들은 자신들이 싸운 것은 생각지 않고 부모의 말에 그저 상처를 입습니다. 해당 상황에서는 무심한 듯 그냥 넘어가는 것처럼 보였지만 내내 마음속으로 죄책감을 갖는 경우도 있고요. 부모가 조금만 힘들어해도 '나 때문에 그런가' 생각하는 아이들도 많습니다.

행동 ④

## "무슨 일인지 한 명씩 엄마한테 이야기해 봐."

한 명씩 번갈아 가며 발언권을 준다.

아이들은 싸우다 부모가 나타나면, 자기편을 들어주기를 간절히 바랍니다. 형은 형대로 "엄마, 쟤가 어떻게 한 줄 아세요?"라고 하고, 동생은 동생대로 "아빠, 형이 나 때렸어요" 하며, 부모를 자기편으로 만들려고 안달을 합니다.

　　이럴 때는 일단 아이들 각자에게 자기 입장을 이야기할 시간을 주세요. 만약 한 아이가 이야기하고 있는데 다른 아이가 끼어들면, "말 끝날 때까지 조용히 들어주자"라며 주의를 주시면 됩니다.

　　서로의 생각을 이야기하고 듣는 동안, 아이들의 흥분은 생각보다 빨리 가라앉습니다. 그리고 상대방의 이야기에 자기도 모르게 귀를 기울이게 되지요. 자녀 사이에 싸움이 날 때마다 지속적으로 사용하면, 문제가 생겼을 때 자기들끼리 생각을 말하고 감정을 이해하는 습관도 생깁니다.

# 질투하는 대상에 따라 대응법이 달라요

> ## "동생만 예뻐한다고 생각해요."
> 동생에게 부모를 빼앗겼다고 생각하는 경우

아이가 한 명일 때는 부모나 친척들의 관심이 그 아이에게만 쏠리지요. 그래서 아이가 해달라는 것도 대부분 들어주고 먹고 싶다는 것도 우선적으로 사줍니다. 하지만 동생이 태어나면 상황이 달라집니다. 사람들의 관심이 갑자기 나타난 어린 동생에게 한꺼번에 쏠려요. 형 입장에서는 상실감을 느낄 수밖에 없지요. 사랑하는 대상을 뺏긴 그 마음은, 그어떤 것과도 비교가 되지 않을 만큼 아픕니다.

부모의 입장에서 보면, 초등학교에 들어가면서 말을 듣지 않기 시작한 형에 비해 아직 아기 티를 벗지 않은 동생이 더 귀여워 보이는 게 사실입니다. 그래서 "네가 아기야? 다 큰 게 그런 걸 해?" 하며 면박을 주기도 합니다.

그런데 생각해 보세요. 초등학교에 들어갔다고 해서 정말 다 큰걸까요? 전혀 아니죠. 아직도 어린아이일 뿐이에요. 부모의 사랑을 독차지하고 싶고, 어리광을 부리고 싶을 나이지요. 그러니, 큰아이가 동생에게 부모의 사랑을 빼앗겼다고 생각할 경우, 큰아이의 마음을 배려하면서 이렇게 해주세요.

## Q 동생 앞에서 형을 자주 칭찬하세요

동생이 보는 앞에서 형을 자주 칭찬해 주세요. "와, 형은 굉장히 빨리 달린다, 그렇지?" 또는 "형은 점점 더 그림을 잘 그리는 것 같아"처럼 구체적으로 이야기해 주세요.

동생이 보는 앞에서 부모에게 칭찬을 받으면 형은 뿌듯함을 느낍니다. 그리고 동생에게 그만큼 너그러워지지요. 일단 마음에 여유가 생기면 동생을 지나치게 괴롭히거나 짓궂게 대하지 않는답니다.

## Q 양육자가 큰아이를 자랑스러워한다는 걸 알려주세요

부모가 동생을 더 사랑한다고 생각하는 아이에게 '그렇지 않다'는 걸 계속 말해주세요. 아직 어린아이기 때문에 표현하지 않으면 전혀 모를 수도 있거든요. "동생도 얼른 커서 너처럼 심부름을 잘하면 좋을 텐데"라든가, "동생도 크면 너처럼 엄마 일을 잘 도와줄까?" 하는 식으로 큰아이의 자존감을 의도적으로 높여주면서 사랑을 표현해 주세요.

이런 말을 들으면 형은 은연중에 두 가지를 느끼게 됩니다. 부모가 자신을 자랑스러워하고 있으며, 동생이 아직 미숙하다는 점이죠. 그러면 동생을 경쟁자가 아니라 자신보다 어린 존재, 즉 도와주어야 할 존재로 여기는 시각을 자연스럽게 갖게 됩니다.

## ❓ 더 많이 안아주세요

아직 어린 형의 눈에 동생은 동생이 하는 여러 가지 행동들 때문에 부모의 사랑을 받는 것으로 보일 수도 있습니다. 그래서 초등학생이나 되는 아이가 어린 동생의 행동을 따라 하는 일이 생기기도 하지요. 동생이 얼굴을 찡그렸을 때 부모가 웃어주는 걸 보면 자기도 얼굴을 찡그리면서 부모를 쳐다봅니다.

그런데 부모가 "너 얼굴 표정이 왜 그래? 보기 싫잖아"라고 하면 아이가 상처를 입어요. 똑같은 행동을 했는데, 동생에게는 웃어주고 자신에게는 창피를 주었으니까요.

아주 심한 행동이 아닌 한 어느 정도는 아이의 마음을 다독이며 받아주세요. 혼내면 혼낼수록 동생에 대한 반감이 더 심해지거든요. 더 많이 안아주고 신경 써주세요.

---

### "형제끼리 서로 지기 싫어해요."
형제자매 간에 경쟁하는 경우

---

나이 차이가 열 살 이상 크게 나는 경우도 있지만, 대개 형제자매는 나이가 고만고만하지요. 그러다 보면 부모가 "둘 중 누가 더 잘하는지 볼까?" 하는 식으로 경쟁을 부추길 때가 있습니다.

실제로 부모가 이런 말을 한 후 달리기를 시키면 아이들은 정말 열심히 뜁니다. 또 아이들이 밥을 잘 먹지 않을 때, '누가 더 빨리 먹나'

경쟁이라도 붙이면 볼이 미어지게 밥을 입에 퍼 넣곤 합니다.

부모가 이런 상황을 자주 제공하면 아이들은 무의식중에 형제자매를 경쟁자로 인식합니다. '내가 이겼으니까, 엄마가 나를 더 예뻐할 거야'라고 생각하는 식이지요. 이처럼 형제자매 간에 경쟁을 유발하는 방법은 순간적으로 아이들을 움직이게 하는 데는 효과가 있습니다.

그러나 결론부터 말씀드리면 경쟁이나 비교는 그리 좋은 방법은 아니에요. 무엇을 가지고 경쟁을 시키든 승자와 패자가 결정이 되고, 형제 사이에도 각기 더 잘하는 것과 못하는 것이 있는 법이거든요.

형제는 서로 힘들 때 도와주고 위로해 줘야 할 관계이지, 경쟁해서 이겨야 할 사이가 아닙니다. 이 점을 아이들에게 알려주기 위해서는 경쟁보다는 협력을 경험하게 하는 편이 더 좋습니다. 서로 힘을 합쳐서 문제를 해결하고 성취감을 맛보게 하는 거지요.

예를 들면, "너희 둘이서 이 박스를 저기로 옮겨줄래?"와 같은 과제를 제시하고, "와! 둘이 힘을 합치니까 정말 센걸!" 하며 칭찬해 주는 겁니다. 또는 설거지와 같은 집안일에 아이들을 참여시킨 후 "다 같이 하니까 정말 빨리 끝났네, 고마워"라고 말하며 함께하는 즐거움을 알게 해줄 수도 있지요. 형제는 경쟁자가 아니라 평생을 함께할 내 편이라는 점을 느끼게 해주셔야 해요.

## ❶ 비교하지 마세요

많은 부모들이 자신도 모르게 저지르는 잘못 중 하나가 바로 비교입니다. "형 봐라, 편식 안 하잖아. 넌 왜 그러니?" "동생은 잘하는데, 너는 왜 못하니?"라는 말을 별 생각 없이 합니다.

그런데 기억을 더듬어보면, 부모인 우리도 어릴 적 누군가와 비교당했을 때 기분이 매우 안 좋았던 것을 떠올릴 수 있지요. 형이나 동생, 언니, 오빠는 물론이고 같은 반 친구나 옆집에 사는 아이 등과 비교당할 때마다 속이 상했는데요. 자꾸 비교당하다 보면, 어느새 자신감도 없어지고, 비교되는 대상이 이유 없이 미워지기도 하죠.

우리 아이도 마찬가지입니다. 더구나 형제지간의 비교는 형제 사이를 멀어지게 하는 결과를 가져올 수도 있으니 양육자가 각별히 조심해야 합니다.

## Q 규칙을 만드세요

그날그날 기분이나 상황에 따라, 오늘은 형의 편을 들었다가 내일은 동생 편을 들었다가 하면 아이들은 혼란에 빠집니다. 가끔씩 아이가 자기는 관심도 없으면서 형이나 동생이 갑자기 무언가를 시작하면 자기도 하겠다며 덤비는 경우가 있습니다. 그럴 때는 모든 걸 자기 마음대로 할 수는 없으며, 어느 한 가지를 가지려면 다른 한 가지는 상대에게 양보해야 한다는 점을 알려주세요.

예를 들어 텔레비전 프로그램을 두고 싸우는 경우, 아이들에게 선택권을 주는 거예요. "네가 이 프로그램을 먼저 보고 싶으면, 나중에 놀때 장난감은 동생이 먼저 갖고 놀도록 해야 해. 그렇게 할래?" 만약 아이들이 이 방법에 동의하지 않으면, 가위바위보로 순서를 정하도록 하는 방법도 있습니다. 어떤 방법으로든 완력이 아니라 서로 양보하며 약속을 지키는 것이 최선의 방법임을 알려주는 게 중요합니다.

# "산만해서 집중을 잘 못해요"

아이가 방에 들어가 잠시 숙제를 하는가 싶더니, 금세 부엌에 들어와 냉장고 문을 엽니다. "왜 벌써 나왔어?"라고 묻자 "목이 말라서요"라면서 물을 마시고 들어가네요. 그런데 3분 후에 다시 부엌으로 나와서는 "배가 고파서 뭘 좀 먹으면서 하려고요. 어, 그런데 이거 우리 저녁에 먹을 거예요?" 하며 방에 들어갈 생각은 하지 않고 이것저것 참견을 하기 시작해요.

아이들이 집중할 수 있는 시간에는 한계가 있습니다. 초등학교 수업 시간과 중학교, 고등학교의 수업 시간이 조금씩 다른 것도 그 때문이지요. 어린아이일수록 몰입할 수 있는 시간이 짧은데, 그나마도 잘 집중하지 못하는 아이도 있어요. 잠시도 가만히 못 있는 것처럼 보이기도 합니다. 숙제를 다 마쳐야 하는데 할 일은 하지 않고 산만하게 행동하는 아이를 보면 부모는 걱정도 되고 화도 나는데요. 이럴 때 나는 평소에 어떻게 반응하나요?

---

**행동 ①** "당장 방으로 들어가지 못해!" ▶ 당장 방으로 돌려보낸다.

**행동 ②** "내 이럴 줄 알았어. 겨우 3분 앉아있었네!" ▶ 실망감을 표현한다.

**행동 ③** "숙제를 다 끝내야 놀 수 있을 텐데, 자꾸 시간이 길어지는구나."

▶ 아이에게 상황을 인식시킨다.

---

**행동 ①**

## "당장 방으로 들어가지 못해!"

### 당장 방으로 돌려보낸다.

공부하라고 방에 들여보냈는데 자꾸만 들락날락하는 아이를 보면 울화통이 터집니다. 아이 관점에서는 어찌 되었건 물 마시겠다고 나왔는데, 이런 소리를 들으면 바로 무안해지지요. 그리고 무안한 마음은 이내 화로 바뀝니다.

"물 먹으러 나왔는데 왜 화를 내요?" 민망한 마음에 아이가 되려

골을 내기도 합니다.

그런데 이렇게 화난 상태에서 하는 공부가 과연 잘될까요? 어쩌면 아이는 분한 마음에 발로 책상을 차고 있을지도 몰라요.

### 행동 ②
## "내 이럴 줄 알았어. 겨우 3분 앉아있었네!"
### 실망감을 표현한다.

답답한 부모 심정은 이해가 됩니다. 하지만 이 말은 결국 '넌 내가 예상했듯이 인내심이 없는 아이야'라는 뜻이잖아요. 아이에 대한 부정적인 생각을 입 밖으로 여과 없이 표현하고 있지요. 아이는 "맞아요! 난 원래 이런 애예요" 하고 답할 수도 있습니다. 부모가 바라는 상황이 결코 아니지요. 아이가 비아냥으로 들을 수 있는 말은 부모와 아이 모두에게 도움이 되지 않습니다.

### 행동 ③
## "숙제를 다 끝내야 놀 수 있을 텐데,
## 자꾸 시간이 길어지는구나."
### 아이에게 상황을 인식시킨다.

일단 아이에게 숙제를 다 끝내지 않았다는 사실을 알려주시는 게 가장 중요해요. 그리고 이렇게 부엌을 왔다 갔다 할수록 놀 시간이 점점 줄어든다는 걸 알게 하셔야 하고요. 평소 이렇게 대처하고 계신다면, 스스로 생각해서 움직이도록 하는 현명한 양육자입니다.

아이도 숙제를 다 마치지 못해 찜찜한 마음은 있어요. 양육자는 그 마음을 다시 한번 상기시켜 주는 것만으로도 충분해요.

"이 정도로 하면 아이가 말을 듣나요? 어림없어요!" 이렇게 말씀하실 수도 있는데요. 그렇다고 아이에게 면박을 주며 강제로 방으로 돌려보낸다고 해서 아이가 몰입할까요? 부정적인 감정 상태에서는 공부 효율성이 결코 올라갈 수 없어요. 그러니 '왜 왔다 갔다 하지 말고 집중해서 숙제를 끝내야 하는지'에 대해 인식시켜 주는 편이 훨씬 낫습니다.

# 아이의 산만함은 이렇게 잡아주세요

> ### "자리를 오래 지키지 못하고 자꾸 돌아다녀요."
> 3분에 한 번씩 들락거리며 집중하지 못할 때

차분히 앉아 공부하거나 진득하게 책을 읽으면 좋으련만, 몇 분을 못 견디고 들락날락하는 건 아이의 집중력이 부족해서입니다. 부모는 이런 아이를 보며 무슨 문제가 있는 건 아닌지 걱정하기도 하는데요.

그런데 정신과 치료가 필요한 주의력결핍 과다행동장애Attention Deficit Hyperactivity Disorder: ADHD와 산만함은 다릅니다. 우선은 아이의 산만함에 대해 정확히 파악하는 게 필요합니다.

ADHD는 신경발달장애로, 과잉행동(줄기차게 움직임), 충동적인 행동(자기 조절 없이 행동함), 주의력 문제(주의 집중을 할 수 없음)를 일으킵니다. 대개 여자아이보다는 남자아이들에게서 더 많이 나타나고요. ADHD는 소아청소년정신과 외래에서 가장 흔히 보게 되는 문제인데요. 소아정신과 의사의 소견에 따르면, 다음의 증상들이 있을 때 ADHD를 의심할 수 있습니다.

- 쉽게 주의가 분산된다.
- 수업 중에 자주 소리를 지른다.
- 상대방의 말을 제대로 듣지도 않고, 소리 지르며 답한다.
- 잠시도 가만히 앉아있지 못한다.
- 조바심을 낸다.
- 선생님, 양육자의 지시를 제대로 듣지 못하는 것처럼 보인다.
- 무언가에 계속 집중할 수 없다. 이것저것 손만 대다가 끝난다.

전문의들에 따르면 ADHD의 가장 큰 특징은 무엇보다 행동에 일관성이 있는 것입니다. 주변에 누가 있든 자신이 어디에 있든 상관하지 않고 정신없이 움직이며, 다른 사람의 말을 귀담아듣지 않고 과격한 행동을 보인다면, ADHD를 의심해 볼 수 있지요.

그러나 항상 산만한 것이 아니고 공부하기 싫을 때나 흥분했을 때만 이런 증상이 나타난다면, 그저 산만하고 집중력이 부족한 아이일 뿐입니다. 우리 아이가 남들보다 조금 산만하다는 느낌이 든다면 이런 방법들을 활용해 보세요.

## ❓ 책상 위에 타이머를 두세요

왜 이렇게 자꾸 왔다 갔다 하느냐고 물어보면, 아이는 "저 오랫동안 앉아있었거든요" 하고 대답합니다. 아이가 거짓말을 할 때도 있지만, 책상에 앉아있었던 시간이 정말 길다고 느껴서 그렇게 대답하는 경우도 있어요.

그럴 땐 아이의 책상에 타이머를 올려놔 주세요. 얼마의 시간 동안 책상에 앉아있었는지 스스로 체크해 보도록요. 책상에 오래 앉아있는 게 뭐 그리 중요하냐고 말할 수 있지만, 결과물을 만들어내기 위해 꾸준히 한자리에 앉아있는 연습도 필요합니다.

처음부터 너무 긴 시간을 정하면 아이가 지키지 못해요. 그러니 아이와 의논해서 처음에는 5분, 15분씩 책상에 앉는 훈련을 하고, 이후 점차 시간을 늘려주세요.

### ❶ 주변을 깨끗하게 치워주세요

방바닥이나 책상 위에 장난감, 게임기, 만화책, 연필 등이 어지럽게 놓여있다면 깨끗하게 치워주세요. 주변 정리가 잘 안 되어있으면 아이가 더 산만해질 수 있어요. 숙제를 하러 책상에 앉았다가도 책상 위의 게임기를 보면 바로 관심도가 바뀌지요. 아이의 관심을 끌 수 있는 것들은 아이의 눈앞에서 치워주세요.

그리고 가능하면 초등학교 저학년 때부터는 장난감을 너무 많이 사주지 마세요. 놀거리가 지나치게 많으면, 아이가 공부나 책에 취미를 붙이지 못합니다.

### ❶ 'TO-DO-LIST' 메모장을 준비하세요

아이가 아침에 일어나면 오늘 하루 동안 자신이 해야 할 일이 무엇인지 스스로 적도록 하는 방법이 있습니다. 아이와 함께 문구점에 가서, '그날 할 일'을 적을 수 있는 간단한 메모지나 노트를 골라주세요. 아이가 마음에 들어 하는 디자인으로 선택하게 해주시면 더 좋아요. 그리고 여기에 해야 할 일들을 아침마다 적도록 합니다.

플래너를 보면, 대개 왼쪽에 작은 박스들이 그려져 있는데요. 다 끝낸 일은 체크 표시(∨)를 하도록 되어있습니다. 아예 시작하지도 않은 일들은 엑스 표시(×)를 하거나 내일로 미룬 일들은 화살표 표시(→)를 하는 방식이에요.

물론 처음에는 아이가 매일매일 플래너를 쓰지 못할 거예요. 귀찮아할 수도 있고요. 그러나 점점 습관이 되면 플래너를 쓰지 않은 날에도 머릿속으로는 다 끝낸 일, 해야 할 일, 내일로 미뤄야 할 일들을 대략적으로 정리하기 시작합니다.

아이만 시키지 마시고, 부모도 참여하세요. 그리고 각자 할 일을 잘 마무리하는지 서로 점검하는 시간도 갖고요. 너무 딱딱한 분위기는 금물이에요. 맛있는 간식을 옆에 두고, 가볍게 진행해 주세요. 시간이 지나면서 아이가 자신의 하루 일과를 체계적으로 관리하는 습관이 생길 거예요.

> ## "노력하기 싫어해요."
> 노력이 필요한 일을 피할 때

꾸준히 지속적으로 해야 하거나, 좀 복잡해 보이는 문제가 있으면 시작도 하지 않고 뒤로 물러나는 아이가 있어요. 왜 안 하냐고 하면 "아이, 난 못해요" "귀찮아요" 하며 몸을 배배 틉니다. 어려워 보이는 수학 문제, 여러 번 반복해서 문장을 써야 하는 영어 숙제, 꼼꼼하게 색칠해야 하는 그림그리기 등은 아예 손도 안 대려고 하지요. 쉽게 할 수 있고 빨리빨리 결과가 눈에 보이는 것들에만 흥미를 가집니다. 생각을 깊이 하는 것도 귀찮아할 때가 많고요.

아이가 어리면 집중력이나 몰입도가 낮을 수밖에 없어요. 하지만 학년이 올라가는데도 이런 상태가 지속되면, 나중에도 계속해서 단순 반복적인 일만 하려고 들 수 있습니다. 어떻게 하면 좋을까요?

## Q 한꺼번에 많이 시키지 마세요

해야 할 숙제를 한꺼번에 주면 아이가 초반부터 질려버립니다. 그러면 시작하기 전부터 못하겠다고 물러서죠. 그러니 아이가 해야 할 과제를 소분해서 나누어주세요.

처음에는 해야 할 분량이 많지 않아야 합니다. 난이도도 아이가 충분히 풀 수 있는 수준이어야 하고요. 예를 들어, 수학 문제의 경우 "오늘은 1번과 2번 문제만 풀자. 제대로 풀면 오늘 숙제는 끝이야! 단, 네가 한 문제를 틀리면 한 문제를 더 푸는 걸로 하자"라고 말해주세요. 아이는 일단 두 문제만 잘 풀면 숙제를 더 이상 하지 않아도 된다는 생각에 집중도가 높아집니다. 조금 어려워 보이더라도 문제가 두 개뿐이니, 시도하는 거지요. 아이가 문제를 다 풀고 나면, 약속대로 더는 과제를 내주지 마세요.

## ❓ 노력에 대해 칭찬해 주세요

결과보다는 과정에서 아이가 보여준 노력을 정확히 짚어서 칭찬해 주세요. 틀렸을 때에도 "이번 문제는 네가 답을 맞추지는 못했어. 하지만 엄마는 네가 열심히 하는 모습이 좋았어"와 같이 이야기해 주는 거지요. 부모의 칭찬에 아이는 복잡한 사고를 요구하는 문제에도 도전해 볼 마음이 생깁니다. 그러다 보면 한두 개씩 풀 수 있는 문제가 늘면서, 자연스럽게 성취감도 높아집니다.

# 아이의 집중력을 높이는<br>양육자의 말솜씨

아이의 집중력은 부모들의 최대 관심사 중 하나죠. 집중력을 높여주고 싶다면 아이의 관점에서 생각하며, 그 마음을 먼저 헤아려주세요. 내가 아이라면 어떨 때 공부에 집중하고 싶어질지 생각해 보면 힌트를 얻을 수 있어요.

| Before | 부모의 아이 감정 관리 | After |
|---|---|---|
| 이 숙제를 하고 나면 숙제를 더 내주시겠지? 아, 하기 싫다. | 여기까지 숙제하면 운동장에 나가 놀게 해줄게.<br>▶ 하기 싫은 일을 해냈을 때, 자신이 좋아하는 보상이 주어진다는 것을 알고 나면 아이의 집중력이 높아집니다. | 운동장에 빨리 나가서 놀려면 일단 숙제부터 끝내야겠다! |
| 난 수학이 세상에서 제일 싫어. 이걸 언제 다 풀어? | 일단 오늘은 세 문제만 풀어보자.<br>▶ 싫은 과목은 처음부터 많은 분량을 시키면 아이가 질립니다. 문제 수나 시간을 점차 늘려가는 방법이 좋습니다. | 세 문제 정도라면 풀 수 있겠어! |
| 책상에 오래 앉아있기 싫다. 힘들어. | 네가 좋아하는 책 잠깐 읽다가 숙제 시작할까?<br>▶ 공부는 엉덩이로 한다는 말이 있지요. 아이에게는 책상에 앉아있는 훈련이 필요해요. 이때, 아이가 좋아하는 책을 읽게 하면서 자연스럽게 책상으로 유도하세요. | 책상에 앉아 내가 좋아하는 책을 읽는 건 별로 힘들지 않아. |
| 혼자 공부하니까 잘 안 돼. 자꾸 딴생각하게 돼. | 엄마한테 문제 한번 내볼래? 어라? 엄마가 틀렸네! 네가 선생님처럼 설명해 줄래?<br>▶ 사람은 누군가를 가르칠 때 가장 많이 배웁니다. 문제를 내고 푸는 활동을 통해 아이가 공부한다는 느낌 없이 집중할 수 있어요. | 엄마가 모르는 문제도 있네? 내가 엄마한테 가르쳐야지! |

# "겁이 많고 소심해요"

수인이는 초등학교 3학년이지만 여전히 혼자 방에서 잠드는 걸 무서워
합니다. 그래서 가끔 늦은 저녁까지 아빠 엄마와 거실에 있을 때가 많아
요. 오늘따라 불 꺼진 방이 더 무섭게 느껴진 수인이는 혼자 잠들지 못
하고 엄마를 부릅니다.

　"엄마, 나 잠들 때까지 옆에 있어줘. 무서워."

　그런데 엄마는 어이없다는 듯 "거실에 가족들 다 있는데 뭐가 무
섭다고 그래! 얼른 자"라고만 합니다. 그래도 쉬이 잠들지 못한 수인이
는 "엄마 올 때까지 나 잠 안 잘 거야. 정말이야!" 하고는 일어나 불을 켜

고 이불 위에 앉아서 버티기 시작해요.

아이들의 상상력은 참 대단해요. 그래서인지 어떤 아이들은 밤마다 옷장에서 괴물이 나올까 봐 무서워합니다. 만화영화 안에서는 실제로 괴물이 옷장에서 나오기도 하지요. 애니메이션이나 게임 속 인물들도 옷장에서 등장하기도 하고요. 이처럼 다양한 상상을 하는 아이들이 불 꺼진 방에서 혼자 자는 것은 쉽지 않은 일입니다. 그래서 종종 늦은 저녁까지 아빠 엄마 옆에서 떨어지지 않으려 합니다.

열 살을 훌쩍 넘긴 아이들이 혼자 자기 무서워하는 것을 부모들은 못마땅해하기도 해요. 하지만 지금 막연한 두려움을 느끼는 아이의 감정을 잘 다루어주어야, 아이는 나중에도 두려워하는 대상을 스스로 극복할 수 있는 힘을 얻습니다. 내 아이가 혼자 방에서 자지 못하겠다고 할 때, 어떻게 하시나요?

---

행동 ① "얼른 자지 못해? 도대체 네가 몇 살인데 엄마를 찾아!" ▶ 억지로 방에 들여보낸다.

행동 ② "마음대로 해. 자든지 말든지." ▶ 모른 척한다.

행동 ③ "늦게 자면 키 안 커. 너 나중에 키 작아도 난 몰라." ▶ 불안함을 가중시킨다.

행동 ④ "혼자 자는 게 좀 무섭구나? 엄마가 같이 있어줄게." ▶ 아이와 함께 있어준다.

---

# "얼른 자지 못해? 도대체 네가 몇 살인데 엄마를 찾아!"

## 억지로 방에 들여보낸다.

"초등학교 3학년씩이나 돼서 엄마를 왜 찾아!"

엄마는 아이가 왜 저렇게 바보짓을 하나 싶은 마음에 나이까지 들먹이며 윽박지릅니다. 이 말을 들은 아이는 자신이 뭔가 부족한 아이인가 하는 열등감을 느끼게 되죠. '내가 나이가 많나? 이런 일에 엄마를 찾으면 안 되나?' 이런 생각에 슬퍼지기도 합니다.

그런데요, 사실 나이와 상관없이 사람마다 무서운 게 다 다르지요. 초등학교 아이들에게는 영화에서 본 괴물이나 귀신, 어두움에 대한 공포 등이 강렬한 무서움을 느끼게 하는 대상이 될 수 있어요.

따라서 아이가 뭔가를 무서워할 때는 윽박지르지 말고, 일단 따뜻하게 대해주셔야 합니다. 아이가 부족해서가 아니라, 단지 특정 대상에 대한 공포를 느낄 뿐이니까요.

# "마음대로 해. 자든지 말든지."

## 모른 척한다.

아이의 요구가 말도 안 된다고 생각해서 부모가 자녀의 요구를 그냥 무시할 때도 있는데요. 그러면 아이는 방에 불을 켜고 일어나, 이불 위에 앉아 일종의 시위를 시작하지요. 하지만 부모는 계속 모른 척 내버려둡니다. 이럴 때 아이의 심정이 어떨까요?

무엇보다 자신의 부탁이 외면당하고 있다는 느낌이 강하게 들 겁니다. 아이 입장에서는 부당하게 떼를 쓰는 것도 아닌데, 부모가 자신의 마음을 몰라주고 방치한다고 여기게 되지요. 게다가 이런 일이 반복되다 보면, 아이는 점차 수면에 대해 부정적인 느낌을 강하게 갖게 될 수 있어요. 이것은 이후 수면장애로 이어질 확률도 큽니다.

그러니, 잠자리에 들 때에는 가급적 아이의 마음이 상하지 않게 해주세요. 두렵거나 불안한 채 잠이 들면, 잠을 잘 때도 깊이 잠들지 못하고 자주 뒤척이며 무서운 꿈까지 꿉니다. 아이의 부정 감정을 모른 척하며 방치하는 건 양육자의 올바른 행동이 아닙니다.

### 행동 ③
## "늦게 자면 키 안 커. 너 나중에 키 작아도 난 몰라."
### 불안함을 가중시킨다.

"늦게 자면 성장호르몬 분비가 안 돼서 키가 안 큰다더라."

지금 아이는 무언가가 무서워서 엄마와 함께 누워 잠들고 싶어 하는데 부모는 곁에 있어줄 생각은 하지 않고, "너 이러면 나중에 큰일난다"라며 더 겁을 줍니다. 당연히 좋은 방법이 아니지요. 오히려 한술 더

떠서, 아이에게 또 다른 종류의 불안함을 심어주고 있어요.

많은 부모는 아이가 부모의 뜻대로 움직이지 않으면 다양한 협박을 하곤 합니다.

"너 채소 안 먹어서 나중에 아파도 아빠 원망하지 마! 네가 안 먹은 거니까."

"이렇게 말 안 들으면 커서 깡패 된다."

"너처럼 과자 많이 먹으면, 이가 모두 썩을 거야."

"돈 아껴 쓰지 않으면 불쌍한 거지 된다."

"혼자 다니면 무서운 아저씨가 잡아가."

"핸드폰 많이 보면, 나중에 시력 다 잃어."

"우산 안 쓰고 다니면, 감기 걸려서 큰 주사를 맞아야 해."

모든 말이 정말 무시무시하지 않나요? 양육자를 믿고 의지하는 아이는, 이 말들을 고스란히 믿을 수밖에 없어요.

불필요하게 아이를 자극하지 마세요. 이런 말들은 되도록 하지 않는 게 좋습니다.

행동 ④
## "혼자 자는 게 좀 무섭구나? 엄마가 같이 있어줄게."
### 아이와 함께 있어준다.

우리 아이가 무서움을 느끼는 그 순간에 함께 있어주는 건 버릇을 나쁘게 들이는 게 아닙니다. 어른도 무서울 땐, 누군가와 같은 공간에 머물며 가깝게 있고 싶어 하잖아요. 나이와 상관없는 문제지요.

혼자 있는 걸 무서워한다면, 침대에 누워있는 아이의 손을 잡고 아이의 기분이 좋아지는 내용의 책을 읽어주시거나 편안한 노래를 불러주셔도 좋아요. 아이가 힘들고 무서워할 때 부모가 항상 옆에 있어준다는 걸 알려주면 아이는 안심할 수 있지요. 내 아이가 성장하여 어른이 된 이후에도, 두려움을 느낄 땐 언제든 곁을 지켜주는 든든한 양육자가 되어주세요.

# 불안해하는 아이에게는 안정감을 주세요

> ## "아이가 떨어지지 않으려고 해서 힘들어요."
> 양육자와 떨어지는 걸 극도로 싫어할 때

아이들은 분리 불안을 경험할 때가 있습니다. 분리 불안은 아이가 애착을 느끼는 누군가와 떨어지는 것을 매우 불안해하는 증상입니다. 대부분의 경우 애착 대상은 주 양육자죠.

예를 들면, 양육자와 헤어져서 유치원이나 학교에 가는 것을 극단적으로 싫어하는 경우, 양육자가 근처 약국에 간 잠시를 못 참고 심하게 불안해하는 경우, 양육자 없이 잠자리에 드는 걸 거부하는 경우, 양육자가 아침에 출근할 때마다 머리를 벽에 박거나 크게 울며 소리를 지르는 경우 등이 있는데요. 주로 다섯 살 이전, 또는 초등학교에 갓 입학한 아이들에게 많이 나타납니다.

만약 아이가 말귀를 알아듣는 나이라면 서로 헤어졌다가도 일정 시간이 지나면 다시 만난다는 걸 차근차근 이해시켜 주세요. 아이가 잘 이해하지 못하거나 머리로는 이해하는데 받아들이려고 하지 않는다고 아이를 혼내지 마시고요.

아이가 양육자와 떨어지기 싫어하는 행동을 앞으로 몇 년 동안 계속하게 될까요? 중학교, 고등학교, 사회에 나가서까지 양육자와 헤어지기 싫다고 울까요? 그럴 리가요. 조금 번거롭더라도, 따뜻한 말투로 계속해서 설명해 주세요. 짜증내지 마시고요.

### ❓ 아이와 자주 눈을 맞추고 스킨십을 해주세요

아이에 따라서는 혹시 아빠나 엄마가 밖에 나갔다가 다시 안 돌아오면 어쩌나, 내가 말을 안 들어서 나를 방치하면 어쩌나 하는 막연한 불안감을 느끼기도 합니다.

아이가 아빠나 엄마와 유난히 떨어지기 싫어한다면, 아이에게 더 많은 애정을 표현해 주세요. 아이를 안심시켜 주세요. "많이 많이 사랑해"라고 말해주고 자주 스킨십을 해주세요. 볼에 뽀뽀도 해주고 이야기를 나눌 때는 눈을 맞춰주세요. 초등학생이라도 자주 안아주고 업어주세요. 업어준다고 하면, "내가 아기야?" 하던 아이들도 막상 업히면 함박웃음을 지으며 좋아합니다.

특히 아이가 초등학교에 입학하게 되면, 대개 심리적으로 어려움을 겪게 됩니다. 학교에 입학하기 전까지는 아기처럼 다루며 실수를 해도 너그럽게 봐주던 부모와 주변 사람들이 갑자기 돌변한 듯한 느낌을 받기 때문이에요.

더욱이 학교에 갔더니, 갑자기 선생님이 출석을 부르시며 성까지 붙여 딱딱하게 이름을 부르십니다. 쉬는 시간이 아니면 돌아다니지도 못하고, 친구들과 줄을 맞춘 책상에 앉아서 수업을 들어야 합니다. 게다가 공부라는 것을 본격적으로 시작하는 시기잖아요. 아이에게 더 많은 사랑을 표현해 주세요. 불안을 없애는 가장 빠른 길입니다.

**Q   다시 만나는 시간을 알려주세요**

양육자가 직장에 출근하는 경우에는 아이와 일정 시간 헤어질 수밖에 없습니다. 지금은 양육자가 회사에 가야 하지만, 저녁에는 직장에서 집으로 돌아온다는 걸 알려주세요.

"아빠 열심히 일하고 올게. 이따가 일곱 시가 되면 다시 만나자."

집으로 돌아오는 시간을 말해주고, 되도록 그 시간을 지켜주세요. 시간 약속을 잘 지키지 않으면 아이는 아빠가 자신을 속였다고 생각하고 자꾸만 불안해지니까요. 함께 한 약속은 최대한 지키는 것이 우선입니다.

**Q   간접 경험을 할 수 있도록 동영상을 활용하세요**

아이에게 부모가 일을 나갔다가 돌아와 아이와 즐겁게 만나는 장면이 담긴 만화나 영상을 보여주는 것도 도움이 됩니다. 아이는 이런 장면들을 보면서 '양육자와 헤어져도 또 만나는구나' 하는 것을 간접적으로 느끼고 안심합니다. 그래서 동영상을 보고 난 다음에는 조금 의젓하게 양육자와의 헤어짐을 받아들이기도 하지요. 물론 한 번 봤다고 곧바로 태도가 바뀌지는 않습니다. 아이의 불안감이 안정될 때까지 기다려주세요.

> ## "잘 때도 불을 끄지 못하게 해요."
> 아이가 어두운 곳을 싫어할 때

아이들이 어두운 걸 무서워하는 건 당연한 일입니다. 당장 불을 끄면, 눈앞이 캄캄해져서 잘 보이지 않으니까요. 그리고 자꾸만 낮에 책이나 동영상에서 본 괴물들이 눈에 아른거립니다. 시계가 째깍거리는 소리, 밖에서 안으로 비치는 자동차 불빛, 불 꺼진 방 안 전경 등 모든 것이 다 무섭습니다.

　어른도 공포 영화를 본 날 밤에는 어둠 속에서 뭔가가 뛰쳐나올 것 같아 잠을 설칠 때가 있잖아요. 아이는 더 풍부한 상상력으로 두려움의 대상과 마주합니다. 이런저런 이유로, 아이들은 불을 환하게 켜놓은 채 잠들고 싶어 하지요.

　그런데 잠을 자는 야간 시간의 조명이 성장호르몬 배출을 방해한다는 연구 결과들이 나오면서 부모는 애가 탑니다. 아이는 불을 끄기 싫어하고, 부모는 불을 끄고 자야 한다고 실랑이를 벌이지요. 대체 이 상황을 어떻게 해야 할까요?

### ❓ 억지로 불을 끄지 마세요

　아이가 싫다고 하는데도 불을 끈 경우, 아이는 벽 쪽에 등을 대고

찰싹 붙어서 이불을 목까지 끌어올린 채 제대로 잠들지 못합니다.

아이들은 무섭거나 불안할 때 등을 벽 쪽에 붙이고 얼굴을 바깥쪽으로 향하게 해서 누워있는 경우가 종종 있는데요. 벽 쪽으로 얼굴을 돌리고 자면 등 뒤에서 뭔가가 공격해 올까 봐 무섭기 때문이에요. 바깥을 보고 계속 주변을 두리번거리며 좀처럼 잠들지 못합니다.

불을 꺼서 잠을 자지 못하나, 불을 켜고 자서 성장호르몬이 적게 나오나 다를 게 없습니다. 그러니 차라리 불을 켜고 자도록 두세요. 그리고 잠이 들면 불을 끈 후, 작은 미등을 켜두시면 됩니다.

## Q 아이와 함께 예쁜 미등을 골라보세요

깜깜한 걸 싫어하는 아이 옆에 켜둘 수 있는 작은 미등을 준비해보세요. 요즘에는 아이들이 좋아하는 캐릭터로 된 깜찍한 등이 많이 출시되어 있어요. 아이가 원하는 모양을 직접 고르게 해주세요.

미등을 샀다고 해서 처음부터 방 불을 다 끄고 미등만 켜지는 않는 게 좋아요. 처음에는 방의 전등과 미등을 다 켜두었다가 시간이 조금 흐른 후 아이의 동의를 얻어 방 전등을 꺼보세요. 조금씩 조금씩 아이 스스로 적응하도록 이끌어주세요.

## Q 어둠 속에서 할 수 있는 놀이를 함께 해보세요

작은 불만 켜놓고 아이와 손가락으로 그림자놀이를 하세요. 이때 무서운 늑대나 괴물은 만들지 말고 귀여운 새와 개구리, 토끼 등을 만들어 역할놀이를 해보세요.

"안녕? 난 귀여운 토끼야. 이렇게 만나서 반가워!"

깜찍한 목소리로 아이에게 말을 걸어주세요. 아이가 자연스럽게 어둠에 익숙해지도록 도와줄 수 있습니다. 또는 작은 손전등 몇 개를 준비해 다양한 색깔의 셀로판지를 전등 앞에 붙인 다음, 손전등을 방바닥에 비추면서 아이와 함께 댄스파티를 열어보세요. 직접 춤을 춰도 좋고, 손전등을 고정해 놓은 채 인형들의 댄스파티를 열어도 좋습니다. 물론 손전등을 얼굴에 비추며 하는 귀신놀이는 피해야겠지요?

아이에게 어두운 것이 무조건 위험하거나 공포스러운 건 아니라는 걸 알려주는 다양한 놀이를 활용해 보세요. 어둠이 아늑함으로 느껴질 수 있는 기회를 주세요.

# 아이의 감정이 행복해야 아이의 일생이 행복합니다

아이를 키우는 모든 양육자는 아이가 커서 부자가 되거나, 유명한 피아니스트로 성장하거나, 훌륭한 의사가 되는 등 원대한 바람을 가지고 있습니다. 하지만 아무리 돈을 많이 벌고 유명한 음악가가 되고 남들이 부러워하는 직업을 가진다 한들, 막상 본인이 행복하지 않으면 그건 진짜 성공이 아닙니다.

어른인 우리 자신을 한번 되돌아볼까요? 우리는 누구나 행복해지기를 바랍니다. 그래서 열심히 공부하고 취직하고 아이를 낳아 가정을 꾸리지요. 그런데 한눈팔지 않고 열심히 앞을 향해 달려왔는데, 어느 날 갑자기 '별로 행복하지 않다'는 느낌이 듭니다. 그렇다고 특별히 마음 아픈 일이 자주 있거나 걱정이 많은 것도 아닌데 말이죠.

만약 그렇다면 이유는 딱 한 가지입니다. 내 감정을 너무 오랜 시간 방치해 두었기 때문입니다. 자신의 마음을 관심과 애정을 가지고 돌보지 않았기 때문이지요.

정원을 예로 들어볼게요. 관심을 가지고 꾸준히 관리한 정원과 그냥 방치해 둔 정원은 한눈에 봐도 차이가 납니다. 지속적으로 꽃과 나무를 다듬고 비료를 준 정원은 아름답고 건강합니다. 반면 오랫동안 돌보지 않았던 정원에는 꽃과 나무 대신 잡초가 무성하지요. 어디서부터 어떻게 손을 봐야 할지 모를 정도로 엉켜있습니다.

마음도 동일합니다. 내 안의 감정들에 관심을 가지고 돌아보며 살아온 사람들의 마음은 잘 손질된 정원과 같습니다. 감정들이 잘 정돈되어 있어서 어디를 가지치기해야 할지, 어디에서 벌레를 잡아줘야 할지가 쉽게 보입니다. 반면 스스로의 감정을 소중히 여기지 않고 무조건 억누르거나 방치한 사람은 마음이 폐허 같아요. 감정들이 마치 잡초처럼 엉켜서, 본인이 어떤 감정을 느끼고 있는지조차 잘 몰라 휘둘리는 상황이 자주 생깁니다.

아이의 몸을 건강하게 만드는 일은 중요합니다. 그래서 부모들은 아이를 위해 비타민을 챙기고 보약을 맞춥니다. 아이가 감기에 걸리거나 다쳤을 때, 그것이 생명에 지장을 주는 심각한 정도가 아닌 한 약을 먹고 쉬면 낫지요.

그러나 감정은 다릅니다. 상처가 눈에 보이지는 않지만, 한번 탈이 나면 치유하는 데 많은 시간과 노력이 드는 게 감정이거든요. 몸의 아픔보다 감정의 아픔이 더 치명적이고 위험합니다.

내 아이의 감정에 관심을 가져주세요. 아이가 어떤 상황에서 어떤 감정들을 느끼는지 곁에서 살펴봐 주세요. 그리고 아이가 자신의 감정을 현명하게 다룰 수 있도록 지도해 주셔야 합니다.

아이의 감정을 표정이나 말투를 통해 좀 더 예민하게 읽어주세요. 더불어 아이가 스스로 자신의 감정을 읽고 관리할 수 있는 방법을 일상생활 속에서 알려주세요. 이 책에서 소개된 감정 놀이와 다양한 방법들을 활용하시면 그것으로 충분합니다.

우리 아이가 행복한 삶을 살 수 있을지 없을지는 돈이나 명예, 직업에 의해 결정되는 것이 아닙니다. 그건 바로 아이 안에 있는 감정이 결정합니다.

잊지 마세요, 아이의 감정이 행복해야 아이의 일생이 행복하다는 것을요.

감정적이지 않게 감정을 가르치는
# 부모 감정 공부

**1판 1쇄 인쇄** 2025년 2월 21일
**1판 1쇄 발행** 2025년 3월 12일

**지은이** 함규정
**펴낸이** 고병욱

**기획편집2실장** 김순란 **책임편집** 조상희 **기획편집** 권민성 김지수
**마케팅** 이일권 황혜리 복다은 **디자인** 공희 백은주
**제작** 김기창 **관리** 주동은 **총무** 노재경 송민진 서대원

**펴낸곳** 청림출판(주)
**등록** 제2023-000081호

**본사** 04799 서울시 성동구 아차산로17길 49 1010호 청림출판(주)
**제2사옥** 10881 경기도 파주시 회동길 173 청림아트스페이스
**전화** 02-546-4341 **팩스** 02-546-8053

**홈페이지** www.chungrim.com **이메일** life@chungrim.com
**인스타그램** @ch_daily_mom **블로그** blog.naver.com/chungrimlife
**페이스북** www.facebook.com/chungrimlife

ⓒ 함규정, 2025

**일러스트** 공인영

**ISBN** 979-11-93842-29-4 03590